园林植物景观设计

蔡　清　刘宝灿　刘惠珂　主编

黄河水利出版社

·郑州·

内 容 提 要

本书分为五章,主要内容包括园林植物景观概述、园林植物作用及其美学特性、园林植物景观设计原则与方法、园林植物景观设计程序、园林植物景观设计专题。

本书内容紧密结合岗位能力需求,图文并茂,不仅适合园林、环境设计、景观设计等专业教学需求,也可作为相关专业设计人员自学及提高技能的参考用书。

图书在版编目(CIP)数据

园林植物景观设计/蔡清,刘宝灿,刘惠珂主编
.—郑州:黄河水利出版社,2023.6
ISBN 978-7-5509-3555-6

Ⅰ.①园⋯　Ⅱ.①蔡⋯②刘⋯③刘⋯　Ⅲ.①园林植物-景观设计　Ⅳ.①TU986.2

中国国家版本馆 CIP 数据核字(2023)第 071325 号

策划编辑:王志宽　电话:0371-66024331　E-mail:wangzhikuan83@126.com

责任编辑　李晓红		责任校对　杨秀英
封面设计　张心怡		责任监制　常红昕

出版发行　黄河水利出版社
　　　　　地址:河南省郑州市顺河路 49 号　邮政编码:450003
　　　　　网址:www.yrcp.com　E-mail:hhslcbs@126.com
　　　　　发行部电话:0371-66020550
承印单位　河南匠心印刷有限公司
开　　本　787 mm×1 092 mm　1/16
印　　张　11.5
字　　数　266 千字
版次印次　2023 年 6 月第 1 版　　　　2023 年 6 月第 1 次印刷
定　　价　39.00 元

前　言

党的二十大报告指出，"中国式现代化是人与自然和谐共生的现代化"。全面贯彻落实党的二十大精神，深入践行习近平生态文明思想，牢固树立和践行"绿水青山就是金山银山"的理念，尊重自然、顺应自然、保护自然，是全面建设社会主义现代化国家的内在要求。园林植物景观作为园林的重要组成部分，对改善生态环境、组织园林空间、营造优美景色、彰显园林文化内涵等具有重要作用。科学合理的园林植物景观设计是园林建设中落实"绿水青山就是金山银山"的理念、促进生态文明健康发展的重要途径。

本书基于应用型人才培养理念，以植物景观配置师的岗位能力需求为切入点，着重讲解园林植物景观设计基础知识，注重对学生情感价值及价值观的培养，强调理论与实践相结合，结合 200 余张案例图片进行讲解，以期打牢学生园林植物景观设计的学习基础。本书包括园林植物景观概述、园林植物作用及其美学特性、园林植物景观设计原则与方法、园林植物景观设计程序及园林植物景观设计专题共五章。第一章园林植物景观概述部分包括园林植物景观概念、中国园林植物景观发展历程及国外园林植物景观发展历程等内容。第二章园林植物作用及其美学特性包括园林植物的作用、园林植物的分类、园林植物观赏特性、园林植物文化特性及园林植物其他美学特性等内容。第三章园林植物景观设计原则与方法包括园林植物景观设计基本原则、园林植物景观形式、不同类型园林植物景观设计方法等内容。第四章园林植物景观设计程序着重从实际操作流程及园林植物景观设计图纸的绘制两方面进行讲解。第五章园林植物景观设计专题包括综合性公园、儿童公园、动物园、植物园、道路、城市广场、居住区等不同类型空间的植物景观设计。

本书由平顶山学院蔡清、郑州市城市园林科学研究所刘宝灿及刘惠珂担任主编。具体编写分工如下：第一、二、三章由蔡清编写，第四章由刘惠珂编写，第五章由刘宝灿编写。本书在编写过程中，参考了国内外有关著作论文、教材及园林设计作品，未一一标注，敬请谅解，谨向有关专家、学者、单位致以衷心的感谢。同时，张献丰、康晓强、姜皓阳、符文君、党莉琼等参与了本书的图纸绘制及校稿工作，为本书顺利出版付出了很多辛劳，在此一并表示感谢。本书为平顶山学院资助自编教材项目，河南省高等教育线下一流本科课程"环境绿化设计"课程建设中期研究成果。

本书内容紧密结合岗位能力需求，图文并茂，不仅适合园林、环境设计、景观设计等专业教学需求，也可作为相关专业设计人员自学及提高技能的参考用书。

本书在编写过程中，由于编写人员的认识及能力有限，书中难免有疏漏及不足之处，真诚欢迎广大读者、同行与专家给予指正，以便修正和不断补充完善，在此深表谢意。

编 者

2023 年 2 月

总码

目　录

第一章　园林植物景观概述

第一节　园林植物景观概念

植物对于人类生活与生存具有重要意义。植物是生态系统的初级生产者,支撑着生物多样性及生态系统的正常发育。人类发展的历史是一部利用植物的历史,植物作为人们的食物、居所营建及蔽体衣物等材料的来源,是人类赖以生存和繁衍的重要保障。除了生产和实用功能,植物还具有视觉美感、丰富人类精神生活的作用。据统计,迄今地球上已经发现的植物有50万余种。

自然界的植物资源非常丰富,但是园林植物因其特殊的使用要求,能够成为园林植物的植物资源只是自然界植物资源库中非常小的部分。区别于粮食作物、蔬菜、果树等生产类的植物,通常我们将一切用于绿化美化及改造人居环境的所有植物,统称为园林植物。园林植物是风景园林构成的基本要素之一,作为生命体,也是场地形成的"灵魂"与"精气"所在。无论是自然形成还是人工手段营造,园林植物在生态学原则下,通过艺术手段相互地组合搭配在一起,充分发挥园林植物本身的形态、色彩、质感等自然特征,创造与周边环境相协调的艺术与功能空间,即形成园林植物景观。

目前在业界,植物景观设计尚无统一名称,有时候也称种植设计、植栽设计、绿化种植、软景设计等。

第二节　中国园林植物景观发展历程

一、中国传统园林中植物景观的发展

我国园林发展历史悠久,植物景观发展一直伴随着园林的发展而日益提升。早在7 000年前我国就有花卉栽培的记载。在殷商时期,在我国最早的园林形式中就有花草果木以供帝王贵族游乐,只是此时的植物多为自然生成,还不是真正意义上的植物景观。后来观赏花木大比例增加,发展为以种植观赏花木为主的苑。在西周至春秋时期,桃、李、棠棣、木瓜、梅等已成为众人喜爱的观赏花木,为人们提供生产、生活资料。

秦朝时期,在宫苑中广泛种植花、果和树木,出现了为道路遮阴的行道树种植设计。西汉期间,随着封建社会的出现及生产力水平的提高和农业的发展,园林植物的种类与品种大量增加,引种驯化活动十分频繁,植物被用作观赏、食用及提供生产资料等,此时已有街道绿化形式的出现。例如《三辅黄图》对上林苑有这样的记载:"帝初修上林苑,群臣远方,各献名果异卉三千余种植其中,亦有制为美名,以标奇异。"上林苑树木种类之多,在当时堪称世界之最。当时的上林苑,已经有了我国最早的蔬菜温室。

　　魏晋南北朝时，私家园林及寺观园林中均栽植大量的花木。同时，随着自然山水园林的出现，植物造景艺术愈加讲究，种植设计模仿自然野趣，注重植物景观意境的营造。

　　隋唐时期是我国封建社会的兴盛时期，园林发展达到全盛时期，写意山水园兴盛。据《大业杂记》记载："元年夏五月，筑西苑，周二百里。其内造十六院，屈曲绕龙鳞渠……色渝则改著新者。其池沼之内，冬月亦剪彩为芰荷。每院开东西南三门……过桥百步，即种杨柳、修竹，四面郁茂，名花美草，隐映轩陛"。由此可见，在隋炀帝所筑西苑中，庭院周围均植名花，植物种植精心布局，生态萌芽开始孕育。秋冬时以剪花装点园景，色褪则更换，以保持花色新鲜；在池沼中以彩剪作为菱荷加以装饰，池内景色如画。这可能就是现今人造花的源头。同时，西苑中大量引种花卉。据王应麟《海山记》记载："隋帝辟地二百为西苑，诏天下进花卉。易州（今河北省易县）进二十箱牡丹，有赤页红、革呈红、飞来红、袁家红、醉颜红、云红、天外红、一拂黄、延安黄、先春红、颤凤娇等名贵品种。"唐朝时期观赏植物栽培的园艺技术有了很大进步，花卉种植及花卉业有很大的发展，培育出牡丹、琼花等很多珍稀花卉品种，且水养插花的技术在此时已有一定的基础。此外，唐代已经能够引种、驯化、移栽异地花木，且盆景艺术在唐代已经出现。李德裕在洛阳经营私园平泉庄，曾专门写过一篇《平泉山居草木记》，记录园内珍贵的观赏植物七八十种，其中大部分是从外地移栽的。在唐明皇的宫苑中，植物品种丰富，广种梧桐、桃树、李树和柳树，植物配置极具讲究。在唐代的长安城中，街道绿化受到高度重视，公共游憩地多种植榆、柳，街道的行道树以槐树为主，另植有桃、柳、杨及果树等作为行道树，政府规定严禁任意侵占街道绿地。公共园林、城市绿化配合宫廷、邸宅、寺观的园林，长安城内呈现一片葱郁的景色。不仅如此，长安的绿化还以城区为中心向四面辐射，形成近郊、远郊乃至关中平原生态大环境绿色景观。

　　宋元时期为我国园林的成熟前期，园林花卉的培育技术、栽培方法在唐代的基础上进一步提高，已出现嫁接和引种驯化的方式。周师厚《洛阳花木记》记载了200多个品种的观赏花木，其中牡丹109种、芍药41种，还分别介绍了四时变接法、接花法、栽花法、种籽法、打剥花法（修剪整枝法）、分芍药法等具体的栽培方法。除这些综合性的著作外，刊行出版的还有专门记述某类花木的著作，如《牡丹记》《牡丹谱》《梅谱》《兰谱》《菊谱》《芍药谱》等。宋代非常重视以树木造园，有专类花园、树木园和花木分类园。此时，造园时注重对花木的选择栽植，利用园林植物造景以形成其独特的风格。如艮岳的一些景点、景区的植物采用大量片植的种植形式，形成以植物为主题的景；乔木以松、柏、杉、桧等为主，花果树以梅、李、桃、杏为主，花卉以牡丹、芍药、山茶、琼花、茉莉等为主；植物配置手法多样，有丛植、片植、孤植及成林式种植等，临水植柳，水面植荷，竹林密丛等植物配置。如北宋中书侍郎李清臣的花园，园中北有牡丹、芍药千株，中有竹千亩，南有桃李弥漫，不仅起绿化作用，更多的是注重观赏和造园的艺术效果。此时，还注重通过借用花木抒发园林的意境和情趣。

　　明清时期，我国诗情画意的山水进入大规模、高档次、高质量、全面发展阶段，植物景观设计也进入全面发展阶段，这一时期发表了大量关于观赏植物的专著。在植物景观设计方面，明代多用大片丛植来营造一个局部的意境。清代中叶以后，因园林建筑增多，花木不能密集种植，多用少数几株的丛植或群植，借以欣赏树木的性情。随着造园艺术的深入以及造园活动的频繁出现,园林风格逐渐形成鲜明的北方园林、江南园林及岭南园林,同时也形成了独具地方特色的植物景观。北方园林多用北方乡土花木,玉兰、海棠、牡丹、芍药被广泛应用,形成不同于江南园林的植物景观(见图1-1)。江南园林多种植垂柳、桂花、梅花、荷花、竹子等花木,追求诗情画意(见图1-2),着重运用古树、花木来创造素雅而富有野趣的园林意境。岭南园林除种植亚热带的花木及乡土树种外,还大量引进外来植物,形成独具特色的岭南植物景观。

图 1-1　北方园林(蔡清 摄于北京颐和园)

图 1-2　江南园林(蔡清 摄于苏州拙政园)

二、中国近现代园林中植物景观的发展

中国近现代园林通常指 1840 年以后的园林。1840 年是中国从封建社会到半封建殖民地社会的转折点，也是我国造园史由古典到现代的转折，公园的出现便是明显的标志。近代中国，由于社会的动荡，花卉应用只存在于极为有限的范围内。中华人民共和国成立伊始，我国园林绿化深受苏联影响，植物多选择常绿树种，以松柏类为主，落叶树种、灌木、地被及草坪相对较少，多采用成排成行的规则种植，不仅色彩单一，形式单调，而且大量使用绿篱形式，形成空间的界定。20 世纪五六十年代，园林建设受到高度重视，这一时期我国植物造景进入发展的高峰时期，强调生态环境，注重绿化结合生产，出现了许多以植物景观著称的公园，如杭州花港观鱼公园（见图 1-3）等。这一时期植物造景主要表现为以下几方面特点：首先，承袭了我国园林"师法自然"的理念，遵循各种园林植物自身生长发育的规律和对周边生态环境条件的要求，因地制宜，合理布局，植物景观多呈现自然状态。其次，传承与创新。在传承中国传统植物景观营造手法的同时，借鉴西方植物造景手法，形成既有创新又有深刻内涵的中国特色园林植物景观。再次，强调立意。以某一类的植物为主打造植物景观，作为公园或景点的主要特色。最后，关注植物景观细节设计，表现在对植物季相层次、色彩形态、植物群落多样性的重视等。70 年代，我国植物造景出现了一个断代，这一时期植物景观设计发展极其缓慢。80~90 年代，随着改革开放的深入及市场经济的建立，人民生活水平不断提高，人们对生活环境的要求随之升高，优美舒适的生活环境、改善环境质量、创造可持续发展的环境成为时代的号召。这时，园林绿化逐渐摆脱了单调和萧条，变得布局形式丰富，植物选种多样，植物配置因地制宜，绿化层次合理，绿化量增加，绿视范围扩大。特别是 20 世纪 90 年代后，园林植物多样性、绿地的生态效益及可持续利用成为城市发展与人们关注的焦点。基于园林生态研究，园林学者提出观赏型、环保型、保健型、知识型、生产型、文化型和文化娱乐型等七种园林植物造景方式。同时，这一时期植物对环境的生态修复作用也受到人们的广泛关注。20 世纪末，我国园林建设的目标转向生态园林。伴随着城市的发展，城市绿地系统规划和公共绿地的设计蓬勃发展，对植物选种配置提出了新要求，植物景观设计在尺度上也得到了扩张。随着 20 世纪 90 年代房地产的崛起与飞速发展，居住区植物景观建设得到了快速发展。同时，全域旅游的发展对旅游休闲度假区及专类园区的植物景观营造提出了新的发展目标。总体而言，植物景观的设计正向着功能性的多样化方向发展，在力求创新的基础上更加注重乡土地域特色的保护。

● **理论思考、实训操作及价值感悟**

1. 请简述中国园林植物景观发展的历程。
2. 请尝试从自然环境、文化发展等角度探讨中国不同时期园林植物景观特色形成的原因。学会用普遍联系的理论分析解决问题。

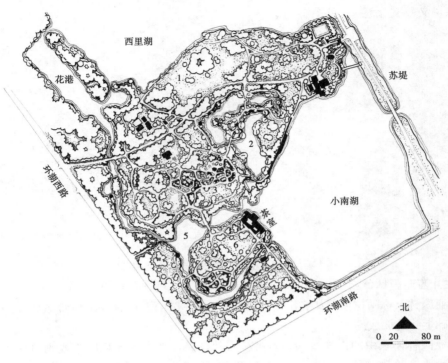

1—草坪景区；2—鱼池景区；3—牡丹园景区；4—丛林景区；5—花港景区；6—疏林草坪景区。

图1-3　杭州花港观鱼公园(姜晧阳 绘制)

第三节　国外园林植物景观发展历程

一、国外古典园林中的植物景观设计

一般认为园林有东方、西亚、欧洲三大系统。东方园林以中国园林为代表，影响日本、朝鲜及东南亚。西亚园林是指包括古埃及、古巴比伦、古波斯在内的西亚各国园林形式。欧洲园林始于古希腊，包括意大利、法国、英国、俄罗斯等园林形式。

(一)东方园林体系

日本园林植物造景可以追溯到上古时代至奈良时代。奈良时代日本庭院受到中国"一池三山"造园手法影响。平安时代植物造景以不规则植物种植，表现自然植物景观。镰仓时代樱花种植在日本园林中盛行。16～17世纪，日本园林植物造景强调常绿树和灌木的使用，人们对植物自身形体的欣赏远大于对植物花果的欣赏。在常绿树中，日本黑松的使用最为普遍。在传统的日本园林中，黑松作为男性的象征，红松作为女性的化身。19世纪中叶的江户时代，树形优美的老树受到人们的青睐。明治维新时代，日本造园受到欧洲造园影响，大面积草坪的植物种植在园林中被广泛运用。综观历史，日本园林的植物造景具有自身鲜明的特征，其植物种植以常绿树为主，花木少而精炼；樱花、红枫广泛运用，植物色彩对比鲜明；强调自然式植物配置，但常对植物进行修剪；注重植物搭配，强调植物的形态意义及文化意义(见图1-4)。

图1-4　日本岛根足立美术馆(康晓强 绘制)

(二)西亚园林体系

西亚园林又称阿拉伯园林或伊斯兰园林,是古阿拉伯人在吸收两河流域和波斯园林艺术的基础上建造而成的。

西亚园林体系中的古埃及园林常种植大片树林。在古埃及墓园中规则对称地种植虞美人、茉莉、夹竹桃、椰枣、棕榈、无花果等树木,形成庄重、肃穆的氛围。古埃及的私人宅院中采用规则式的种植形式种植果树、蔬菜、观赏树木和花草,使宅院具有观赏和游憩的性质,被认为是世界上最早的规则式园林(见图1-5)。

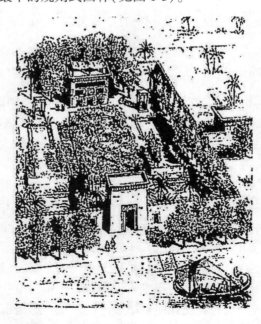

图1-5　古埃及宅园鸟瞰图(引自《园林植物与植物景观》蔡文明)

古巴比伦王国的园林形式包括猎苑、圣苑、宫苑三种形式。猎苑除原始的森林外，种植石榴、葡萄、意大利柏等植物。圣苑多在庙宇的周围行列式栽植树木，即圣林。宫苑同我国古代的皇家苑囿，其中最为经典的就是被誉为世界七大奇迹之一的"空中花园"（见图1-6）。"空中花园"分为三层，种植有乔木、蔓生的花卉、悬垂类的花卉等，用以美化柱廊和墙体，又利用水利设施引水灌溉。

图1-6　古巴比伦"空中花园"（康晓强 绘制）

古波斯园林中名花异卉资源丰富，植物繁育应用技术也较早，在游乐园中除树木外，尽量种植花草。古波斯的"天堂园"是其代表，其内开出纵横"十"字形的道路构成轴线，分割出四块绿地栽种花草树木，形成方形的"田"字，在十字交叉处设中心喷水池，中心喷水池的水通过十字水渠来灌溉周围的植物（见图1-7）。这样的布局是因为西亚地区气候干燥，干旱和沙漠的环境使人只能在自己的庭院里经营一小块绿洲。

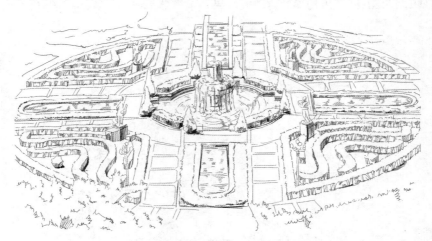

图1-7　古波斯"天堂园"植物种植意向图（康晓强 绘制）

(三) 欧洲园林体系

欧洲园林体系始于古希腊。古希腊最初的园林形式为果蔬园,大量果树如梨、栗、苹果、葡萄、无花果、石榴、橄榄树等以规则的形式种植于园内。公元 5 世纪,受到古波斯造园艺术的影响,古希腊园林由果蔬园改造成装饰性的园庭,发展出"柱廊园",庭院中整齐地栽种柳、榆、柏、夹竹桃以及由花卉组成的花圃,设置葡萄架篱。蔷薇是古希腊最受欢迎的花卉材料,被广泛用于园林绿化中。花环、花圈和花冠等花卉饰品被应用于公共或纪念性活动中。当时的雅典甚至有了专卖花卉的场所。古希腊的规则式园林艺术影响了古罗马园林的发展,影响了欧洲园林的发展,在其发展过程中,欧洲园林逐步形成了意大利、法国、英国及俄罗斯等园林风格。

古罗马时期典型的规则式园林布局中已出现番红花、晚香玉、三色堇等植物组成的几何形的花坛、花池,以及黄杨、紫杉等常绿植物被修剪成的各种形式的绿篱、几何形体、文字、复杂的动物和人物的形象图案等,甚至出现以绿篱围合且内部图案非常复杂的迷园或者专类园等。

意大利地处地中海亚平宁半岛,夏季炎热干旱,冬季温暖湿润,三面为坡,只有沿海一线为狭窄的平原,这种地理条件造就了意大利特殊的台地园形式。美第奇庄园、埃斯特庄园(见图 1-8)、加尔佐尼庄园、兰特庄园(见图 1-9)都是意大利台地园的代表之作。在植物景观设计方面,意大利园林多选择不同深浅的绿色植物,较少应用色彩鲜艳的花卉。意大利丝柏是意大利园林中的标志性植物,常用于道路绿化,或作为建筑、喷泉的背景与框景。其他树种和灌木的选择,阔叶树常用悬铃木、七叶树等,灌木则以月桂、冬青、黄杨、紫杉等为主,多成片、成丛种植。将植物景观做成"图案化"处理,或修剪成矮墙、栏杆、佛龛、雕塑等样式,或修剪成各种人物和动物形象及几何体是意大利园林植物景观设计的一大特色。文艺复兴前,意大利花园中规则式花坛多采用直线形式。文艺复兴时期,花园中规则式花坛由以前的直线型变成了曲线型。除露地栽植外,意大利园林中还常将柑橘、柠檬等果树栽植在陶盆中,摆放在道路两侧、庭院角隅等处,植物叶、果乃至容器都成为景观的观赏点。

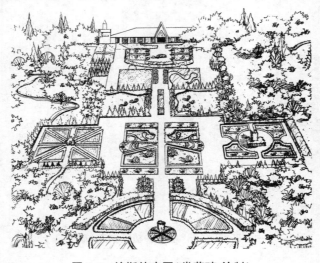

图 1-8　埃斯特庄园(党莉琼 绘制)

Ⅰ—底层台地；Ⅱ—第二层台地；Ⅲ—第三层台地；Ⅳ—顶层台地；

1—入口；2—底层台地上的中心水池；3—黄杨模纹花坛；4—圆形喷泉；5—水渠；6—龙虾状水阶梯；7—八角形水池。

图1-9　兰特庄园（符文君 绘制）

法国位于欧洲西部，大部分地区为平原，地形起伏较小。从16世纪后期到17世纪前期，是法国园林模式形成和发展的重要阶段。意大利园林传入法国，中轴对称的园林布局被运用到法国园林中。这一时期，法国人总结自己的园林经验，在探索园林理论方面做出了尝试。在植物景观方面有了更深入的总结与研究。如由查理·埃蒂安纳和让·利埃博尔合著的《农业和乡村住宅》一书中认为花坛和菜园由藤本植物，如茉莉、麝香蔷薇等爬满格状凉棚覆盖，由砂子或石子铺面的园路分开。花坛应分为两个相等部分：一部分栽种的是为了切花而使用的花卉，另一部分则主要是为了园中的芳香。再如雅克·勃阿索在《来自自然与艺术理论的园艺论》一书中设计了许多花卉图案；在《园艺文论》一书中对刺绣花坛进行了重点讲解，其中包括卢浮宫、卢森堡、圣杰曼·恩·雷、丢勒里、凡尔赛等的花园设计。这些著作对后期法国花坛设计产生了深远的影响。17世纪后半叶，象征君权的勒·诺特尔式园林，即平面图案式园林在法国脱颖而出。凡尔赛宫的兴建，标志着几何式欧洲古典园林达到了巅峰（见图1-10）。法国园林在植物景观方面多采用树丛、植坛、花坛及绿篱等造景方式。树丛设计广泛采用丰富的阔叶乔木，集中种植在园林中，形成茂密的丛林。常以落叶密林为背景，使规则式植物景观与自然山林相融合。植坛设计广泛采用黄杨或紫杉组成复杂的图案，并点缀以整形的常绿植物。花坛的运用，规模较大，构图也较为复杂，其类型有草坪花坛、刺绣花坛、柑橘花坛、水花坛等，其中刺绣花坛最为经典，利用鲜艳的花卉材料组成图案花坛，并以大面积草坪和浓密的树丛衬托华丽的花坛。绿篱多种植在花坛和丛林的边缘。

英国是海洋包围的岛国，气候潮湿，国土基本平坦或是缓丘地带。在公元5世纪以前，英国作为罗马帝国的属地，在其最初的园林发展中，受到罗马样式的影响。修道院式的庭院花园成为英国早期园林的最初形态。16世纪的英国园林还是严格恪守中世纪的模式，遵循意大利人的习俗，主要模仿意大利的别墅庄园，花园里的实用区域，比如果园和菜园是最重要的部分。虽然这一时期的植物学还很不完善，但贵族和商人们对收集新奇品种却十分热心，这为后来17世纪、18世纪主要以植物为目标的纯植物探险活动的形成奠定了基础。17世纪后，法国园林传入英国，英国园林开始广泛营建规则式园林，应用造

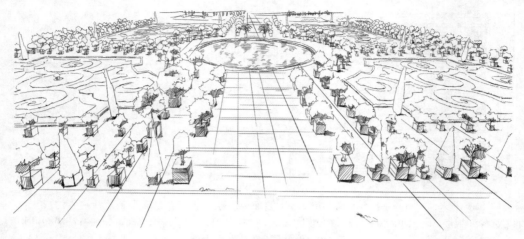

图 1-10　凡尔赛宫(康晓强 绘制)

型植物,雕刻精细,造型多样。绿篱风景成为英国最具有特色的风景。同时,随着欧洲对国外花卉的大量引入以及植物学、花卉育种技术的迅速发展,园林中的花卉品种极大地丰富起来。18 世纪,英国园林受中国自然式山水园林的启发,开启了对自然的模仿,出现大量风景式园林作品,疏林草地(见图 1-11)、田园式的自然式园林成为英国园林的特色。斯托海德园(见图 1-12)、邱园成为英国风景园的代表。同时,这一时期,花卉应用形式也开始发生明显的转变,更加注重对生动自然的景观效果的展现。因阴雨气候的影响,英国园林更加注重绚丽多彩花卉的应用。19 世纪及其后期,英国不断引进驯化花卉树木的新品种,为当代立体花坛的发展奠定了非常坚实的基础。著名的花境设计师格特鲁德·杰基尔强调错落有致的自然式花境景观,促使花境景观在欧洲广受欢迎,花卉应用成为园林景观的重要内容。

图 1-11　疏林草地(康晓强 绘制)

图 1-12　斯托海德园(康晓强 绘制)

　　有关俄罗斯园林的记载始于 12 世纪。与欧洲相比,俄罗斯的园林艺术起步较晚。在 17 世纪之前,俄罗斯延续着封建的农业自然经济,其生产力低下,发展缓慢。虽然,当时俄罗斯的建筑比较成熟和闻名,但园林还处于萌芽期,没有形成完善的体系和独特的风格。果园以及附近的狩猎"林苑"是俄罗斯园林的先声,花园规模较小,主要附属于宫殿、教堂以及贵族们的郊外别墅,以实用性为主,功能单一,布局简单。到了 17 世纪末,彼得一世掌握了俄罗斯政权,俄罗斯园林开始了一个伟大的转变,彼得大帝曾到过法国、德国、荷兰,对法国式园林印象极为深刻,在他的倡导与支持下建设了彼得堡夏花园(见图 1-13),法国勒·诺特尔式园林风格得以在俄罗斯广为传播。到 18 世界初,俄罗斯园林艺术已经具备了几何平面构图的布局特征。然而,俄罗斯园林在移植西欧文化的同时,并没有采取拿来主义的方式,它比较重视乡土树种的应用,常以栋、复叶械、榆、白桦、锻树等装饰林荫道,以云杉、落叶松及上述落叶乔木形成丛林,加上一些常见的开花灌木,这些乡土树种的应用,使俄罗斯的规则式园林更具有独特性,形成了俄罗斯自己的园林风格。18 世纪中叶,作为一种文化意义上的庄园在俄罗斯开始兴起。俄罗斯庄园艺术有着浓厚的民族特色和独特的内涵,早期的庄园形式是法国式的,后来逐渐改变成英国式。18 世纪末英国自然风景园风靡欧洲,当时俄国受到国内文学艺术思潮的冲击,于是纷纷出现自然风景园。俄罗斯两千年几何规则式的造园艺术传统在短短的几十年里却被自然风景园完全代替了,而且代替得那么彻底。俄罗斯风景园仍然强调以乡土树种为主,云杉、冷杉、松等是形成俄罗斯园林风格不可缺少的重要元素。风景园中的植物注重自然美、群落美,在园中组成框景或起着背景的作用。典型的俄罗斯风景园常有郁郁葱葱的森林,森林对俄罗斯民族来说是最重要的自然文化,可以说是森林奠定了俄罗斯国家发展的基础。19 世纪上半叶,俄罗斯的自然风景园运动发展到顶峰,自然式浪漫主义情调已经消失,而对植物的姿态、色彩及植物群落产生兴趣,园中美景不再只有建筑、山丘、峡谷、跌水等,巴甫洛夫公园以其巨大的感染力展示了北国的自然美。由于气候原因与英国园林不同,俄罗斯园林在郁郁葱葱的森林中辟出林间空地,在森林围绕的小空间力装饰着孤立树、树丛,这种方式冬季可以避风,夏季可以乘凉(见图1-14)。20世纪,伴随着十月革命的胜利,俄罗斯园林进入新的发展时期,但在园林植物景观的营造中仍然延续着俄罗斯民族的特色。

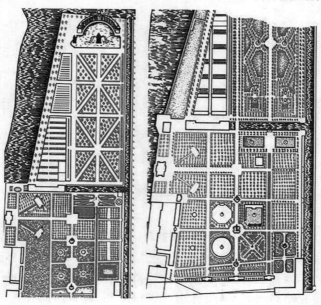

图1-13　彼得堡夏花园设计平面图(1714—1717年)和测量平面图(1723—1725年)
(引自《园林设计》刘少宗)

图1-14　巴甫洛夫公园(康晓强 绘制)

二、国外近现代园林中植物景观的发展

18~19世纪,工业革命以来,西方国家的风景园林在理论和实践上都有迅速的发展,尤其是19~20世纪城市的快速发展带来了新的社会和环境问题,同时科学的发展促进了

生物学科及地理学科的发展。为了改善城市环境卫生,满足人们的使用需求,英国率先将传统的轴线式园林、皇室贵族的风景园、修道院庭院等造园方式向城市公园的方向发展,公园逐渐成为一种普遍的园林形式。19世纪中叶,美国为了缓解城市发展的生态问题,建设了美国第一个城市公园——纽约中央公园(见图1-15),标志着现代公园的开端。该公园广泛选用树种和地被植物,注重乡土树种的应用,在植物造景中采用了疏林草坪的种植方式,利用中央草坪为纽约周围的居民提供游憩活动空间,并且四周配置四季变化的树木、大片地区采取了密植方式,以及包括四季植物变化的水岸种植等方法,在保证植物观赏效果的同时保证植物能够健康的生长,在植物造景方面取得了非常大的创新,影响了美国公园植物造景的发展。

图1-15　纽约中央公园(康晓强 绘制)

伴随着城市公园的发展,植物景观设计强调选种适宜,保护环境,营造美景,满足公众场地使用的需要。随着世界人口密度的加大、工业飞速发展,人类赖以生存的生态环境日益恶化,人们深刻认识到植物与绿化的重要性。因此,人们将植物景观设计从微观尺度扩展到国土规划尺度。很多城市从保护自然植被入手,有目的地规划和设置了大片绿带。

到了20世纪和21世纪,西方国家在植物造景的形式上有了一系列有意义的研究和实践。自然式园林又重获现代人的重视。英国园林师 William Robinson 主张在植物造景中简化烦琐的传统维多利亚式,满足植物的生态习性,任其自然生长。现代建筑的革新为植物造景带来了新的方法。受现代艺术的影响,植物种植设计开始采用建筑的、雕像的、抽象的艺术手法。20世纪70年代,美国学者 Lan Mcharg 提出设计结合自然,由此生态设计以及保护环境的问题受到植物景观设计的关注。近年来,随着后现代主义的兴起,文化和构成式的植物景观设计不断出现。当代植物景观营造日益认识到科学与艺术的结合的重要性和必要性,并将二者结合为一体进行植物景观营造。英国风景园林师 Nike Robinson 提出种植设计的关键要素在于三个方面:功能、生态与艺术。不同尺度的种植应当采用不同的思想和方法。同时,将视觉和生态因素作为设计最重要的基本原则。

● 理论思考、实训操作及价值感悟

1. 请简述不同国家园林植物景观的特征。

2. 中国古典园林被誉为"世界园林之母",对世界园林的发展产生了深刻的影响,请从植物景观的角度,探讨一下中国古典园林对世界园林的影响。

第二章　园林植物作用及其美学特性

第一节　园林植物的作用

一、生态功能

(一)保护与改善环境

植物保护和改善环境的功能主要表现在净化空气、杀菌、通风防风、固沙、净化土壤、净化污水、防火、水土保持、增湿降温、减少噪声、改善小气候等多个方面。

二维码 2-1　园林植物功能

1. 净化空气

植物通过吸碳释氧、吸收有害气体、吸收放射性物质、滞尘的方式实现净化空气的效果。

(1)吸碳释氧:植物具有吸收 CO_2(二氧化碳)释放 O_2(氧气)的能力。植物在吸碳释氧之间实现对环境空气的碳氧平衡调节,从而改善空气质量,促进城市生态良性循环。不同植物类型具有不同的吸碳释氧能力,一般来说落叶乔木>常绿乔木>灌木类>草坪>花卉类。在工厂和一些高污染地区应加大绿化面积,保证人均绿地标准,维持碳氧平衡。

(2)吸收有害气体:危害人体健康、污染环境的有毒有害气体主要有 SO_2(二氧化硫)、NO_x(氮氧化物)、Cl_2(氯气)、NH_3(氨气)、Hg(汞)、Pb(铅)、F(氟化物)等,在一定浓度下,许多植物通过植物叶表面附着、叶内积累、植物代谢转换的方式,有效地吸收它们,起到净化空气的作用。但不同的植物,对有害气体的吸收能力有所不同。一般来说,落叶植物>常绿阔叶树>针叶树>草本植物。这里需要强调的是,虽然有些植物具有很强的吸毒能力,但并不代表其抗毒能力也强。当植物吸收有毒气体达到一定量时会出现叶片烧伤等现象。反之,有些植物虽然吸毒能力较弱,但其抗性却很强,这点在选用植物时应该注意。对污染很敏感的使用功能区和高污染区域之间可设置植物隔离带,净化有害气体,实现使用场地的安全性(见图 2-1)。

(3)吸收放射性物质:树木本身不但可以阻隔放射性物质和辐射的传播,而且可以起到过滤和吸收的作用。大面积的树木和森林可以减少空气中的放射性危害。根据测定,栎树林可吸收 1 500 拉德的中子-伽马混合辐射,并能正常的生长。所以在有放射性污染的地段设置特殊的防护林带,在一定程度上可以防御或者减少放射性污染产生的危害。通常常绿阔叶树种比针叶树种吸收放射性污染的能力强,仙人掌、宝石花、景天、栎树、鸭跖草等有较强的吸收放射性污染的能力。

(4)滞尘:植物对粉尘有明显的过滤、吸附和阻挡作用。如悬铃木、刺槐林可使粉尘减少 23%~52%,使漂尘减少 37%~60%。树木通过强大的树冠、叶片表面粗糙不平多绒

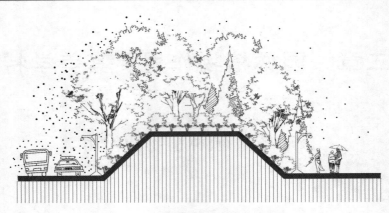

图 2-1　植物隔离带(姜晧阳 绘制)

毛和自身分泌的黏性油脂和汁液发挥滞尘作用。常见的滞尘植物如榆、刺楸、核桃、毛白杨、构树、龙柏、桧柏、板栗、臭椿、侧柏、桑树、榉树、喜树、华山松、朴树、重阳木、沙枣、悬铃木、刺槐、女贞、木槿、广玉兰、大叶黄杨、三角枫、夹竹桃、丝棉木、梧桐、紫薇、楸树、楝树等。这类植物多具有叶面粗糙的特点,通过增大叶面与空气的摩擦力,从而起到较好的滞尘作用。这些植物可以用于卫生防护林、交通防护林等防护绿地中。

2. 杀菌

许多园林植物能够分泌一种杀菌素,从而具有杀菌作用,被称作城市的"净化机"。如紫薇能散发出具有杀菌作用的挥发油,5 min 内就可以杀死原生菌,如白喉菌和痢疾菌等。常见杀菌植物有杨树、银白杨、钻天杨、侧柏、柏木、圆柏、桧柏、欧洲松、铅笔松、杉松、雪松、核桃、除虫菊、橡树、柳杉、白蜡、黄栌、盐肤木、桦木、锦熟黄杨、尖叶冬青、大叶黄杨、复叶槭、桂香柳、胡桃、黑胡桃、五针松、晚香玉、月桂、欧洲七叶树、黄连木、合欢、树锦鸡儿、香樟、槐树、紫薇、广玉兰、山胡椒、木槿、大叶桉、蓝桉、柠檬、柠檬桉、山鸡椒、茉莉、女贞、兰花、洋丁香、悬铃木、石榴、枣、枇杷、薄荷、野菊花、石楠、狭叶火棘、麻叶绣球、垂柳、栾树、苍术、臭椿以及蔷薇属植物等。

3. 通风防风

1)通风

园林绿地与道路、水系结合是构成风道的主要形式。如绿带与该地区夏季主导风向一致或呈一定夹角,就能将新鲜凉爽的空气引入其中,形成进气通道,国内有学者称这种绿地为"引风林"(见图 2-2)。进气通道应以草坪、低矮的植物为主,避免阻挡气流的通过。另外,即使无风时,由于夏季绿地气温低于无林地气温,绿地的冷空气向无林地流动时也会产生 1 m/s 的微风,起到一定的调节环境温度的作用。城市通风不仅需要进气通道,还需要排气通道。城市排气通道则应尽量与城市主导风向一致,以利于污染空气的顺利排出。

2)防风

如果用常绿林带在垂直冬季寒风的方向种植防风林(见图 2-2),可以大大降低冬季寒风和风沙对环境的危害。经测定,防风林的防风效果与林带的结构以及防护距离有着直接的关系。就平面结构而言,"品"字形防风林的防风效果好于"井"字形防风林的防风效果;从立面结构而言,紧密结构的防风效果好于半通透结构的防风效果,通透结构的防风效果较前两者最弱(见图 2-3)。研究表明,疏透度为 50%左右的林带防风效果最佳,而并非林带越密越好。

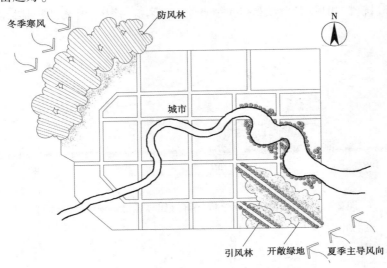

图 2-2 引风林与防风林(姜晧阳 绘制)

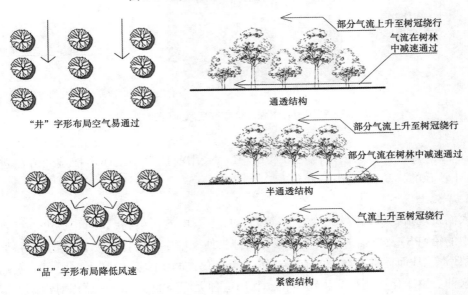

图 2-3 防风林结构与防风效果(姜晧阳 绘制)

据测算,如果复层防风林高度为 H,则在迎风面 $10H$ 和背风面 $30H$ 范围内风速都有不同程度的降低(见图 2-4)。另外,据苏联学者研究,由林边空地向林内深处 $30\sim50$ m 处,风速可减至原速度的 $30\%\sim40\%$,深入到 $120\sim200$ m 处,则完全平静。树林的方向和位置不同还可以增加风速或改变风的方向(见图 2-5)。防风树种应选择根系稳固、枝干坚韧、抗风能力强、生长快且寿命长,叶片小、树形高大、耐贫瘠宜管理的树种。树冠为尖塔或圆柱形的乡土树种。北方防风树种有杨、柳、榆、桑、白蜡、杜香柳、柽柳、柳杉、扁柏花柏、紫穗槐、槲树、蒙古栎、春榆、水曲柳、复叶槭、银白杨、云杉、欧洲云杉、落叶松、冷杉、赤松、银杏、朴树、麻栎等；南方防风树种有马尾松、黑松、圆柏、榉树、乌桕、柳、台湾相思、木麻黄、假槟榔、桃榔、相思树、罗汉松、刚竹、毛竹、青冈栎、栲树、山茶、珊瑚树、海桐等。

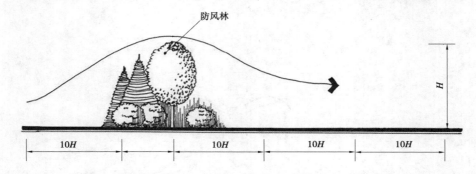

图 2-4　林地的防风效果分析（引自《园林植物景观设计》金煜）

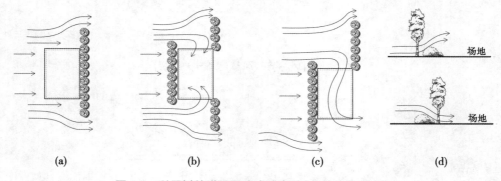

图 2-5　利用树林增强风速或改变风向（姜晧阳 绘制）

4. 固沙

在干旱、风沙比较大的地区可以利用植物，采用前挡后拉或逐步推进的方法进行固沙，阻止沙丘的移动，避免土地沙化。

5. 净化土壤

人们发现植物可以吸收、转化、降解和合成土壤中的污染物，如向日葵可以有效吸收土壤中的铅（Pb）及核辐射。植物根系可以分泌使土壤中大肠杆菌死亡的物质，并促进好气细菌增多，从而促进土壤中的有机物迅速无机化，净化土壤，提高土壤肥力。人们将植物的这种土壤净化作用称为生物净化。利用这种无污染的生物净化可以对污染土壤进行"植物修复"，即将某种特定的植物种植在污染的土壤上，而该种植物对土壤中的污染物具有特殊的吸收、富集能力，将植物收获并进行妥善处理（如灰化回收后）可将该种污染物移出土壤，达到污染治理与生态修复的目的。

6. 净化污水

植物通过吸附、吸收、分泌化学物质等作用降低水中有害物质，减少水中含菌数量，实现净化污水的作用。实践证明，利用植物来净化污水是较为经济有效的方法之一。普遍认为净化污水的能力:漂浮植物>挺水植物>沉水植物,木本植物>草本植物。不同植物能够吸收不同污染物质,因此针对不同污水选用不同种类的植物。通常,净水植物的选择要具有净化能力强、生长快、经济性好的特点。

7. 防火

防范和控制森林火灾的发生,特别是森林大火的发生,最有效的办法是在容易起火的田林交界、入山道路等处布置生物防火林带,变被动防火为主动防火,不但能有效防止火灾,节约经济成本,而且能优化改善林分结构。具有防火功能的植物,它们都具有含树脂少不易燃、萌芽力强、分蘖力强等特点,而且着火时不会产生火焰。常用的防火树种有刺槐、核桃、加杨、青杨、银杏、大叶黄杨、栓皮栎、苦槠、石栎、青冈栎、茶树、厚皮香、交让木、女贞、五角枫、桤木等。

8. 水土保持

植物通过树冠截留雨水、减少地表径流、加强水分渗透、根系固定土壤、吸收水分等方式实现水土保持作用(见图2-6)。据测定,自然降雨时,将有15%～40%的水量被树冠截留或蒸发,有5%～10%的水量被地表蒸发,地表径流量仅占0～1%,大部分的雨水即50%～80%的水量被林地上一层厚而松软的枯枝落叶吸收,逐渐渗入土中,形成地下径流。通常植物保持水土功能最主要的应用就是护坡,与石砌护坡相比,植物护坡具有美观、生态、环保、成本低廉的优势。护坡植物一般选择灌木、攀缘植物、草坪等。适合护坡的灌木有胡枝子、紫穗槐、沙地柏、女贞;适合护坡的攀缘类植物有爬山虎、扁豆、常春藤、葛藤;适合护坡的草坪有结缕草、黑麦草、地毯草、剪股颖。

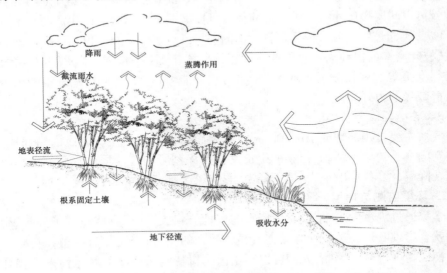

图2-6　植物水土保持示意图（姜晧阳 绘制）

9. 增湿降温

植物叶片具有强大的蒸腾作用,能够不断地向空气中输送水蒸气,是天然的空气加湿器。一般情况下,树林内空气湿度较空旷地高7%～14%。随着城市的高速发展,城市热岛效应越发明显。植物通过截断、过滤、遮挡太阳辐射能有效降低温度。如果在城市郊区设置大片的绿地,则在城市与郊区之间就会形成对流,将郊区绿地的凉空气引入城市,可以降低城市温度(见图 2-7)。通过扩大绿化面积,能有效降低热岛效应。同理,在园林硬质场地的周围种植大量树木,能够在场地与绿地之间形成对流,从而降低园林硬质场地温度。据检测,夏季当市区气温为 27.5 ℃时,草坪表面温度为 20~24.5 ℃。公园内的气温一般较建筑院落低 1.3~3 ℃,较建筑组群间的气温低 10%~20%。

图 2-7　城市热岛效应的降温(姜晧阳 绘制)

10. 减少噪声

噪声可引发头晕、头疼、神经衰弱、消化不良、高血压等疾病,并且噪声非常不利于智力发展。据调查,当噪声达到 8 dB 时,会严重损害儿童的大脑功能发育,对儿童智力发育造成极为不利的影响。噪声已成为危害人类健康的一个重要因素。植物绿化对噪声具有吸收和消解的作用,可以减弱噪声的强度。其衰弱噪声的机制一方面是噪声波被树叶向各个方向不规则反射而使声音减弱;另一方面是由于噪声波造成树叶发生微振而使声音消耗。植物削减噪声的效果相当明显。据测定,10 m 宽的林带可以减弱噪声 30%,20 m 宽的林带可以减弱噪声 40%,30 m 宽的林带可以减弱噪声 50%,40 m 宽的林带可以减弱噪声 60%。不同植物的隔音能力不同,如槭树达 15.5 dB、椴树 9 dB、草坪 4 dB。通常,树形高大、枝叶密集的树种隔音效果较好,如雪松、桂花、悬铃木、梧桐、垂柳、臭椿、樟树、榕树、柳杉、女贞等。就植物配置而言,树丛的减噪能力达 22%,自然式种植的树群较行列式的树群减噪能力好。

11. 改善小气候

小气候主要是距离地面 10~100 m 地层表面属性的差异性所造成的局部地区气候。这一类空间人类的生产活动、植物的生长发育都深刻影响着区域小气候。植物改善小气候体现在降温、增湿、影响地表、地下径流、影响风速、杀菌、净化空气等方面。

(二)环境监测与指示

科学家通过观察发现,植物对污染物的抗性有很大差异,有些植物十分敏感,在很低浓度下就会出现叶片伤斑或叶脉受害或整株死亡的受害现象,而有些植物在较高浓度下也不受害或受害很轻。因此,人们可以利用植物对特定污染物的敏感性来监测环境污染的状况。环境监测是环境保护的重要手段,利用植物来监测环境污染,不仅方法简单、应用方便、经济成本低,而且美化了环境。

二、空间构筑功能

(一)空间的类型及植物的选择

所谓空间,是指由地平面、垂直面以及顶平面单独或共同组合成的具有实在的或暗示性的范围围合。植物可以用于空间中的任何一个平面。依据划分标准不同,植物塑造的空间有不同的类型。依据人们视线的通透程度可将植物构筑的空间分为开敞空间、半开敞空间、封闭空间三种类型;依据植物塑造空间的方向性可将植物空间划分为水平空间、垂直空间、纵深空间、覆盖空间。塑造不同空间类型需要选择不同的植物和种植密度,具体内容见表 2-1。

表 2-1　植物空间的类型及其特点

空间类型	空间特点	选用的植物	适用范围	空间感受
开敞空间	人的视线高于四周景物的植物空间,视线通透,视野辽阔	低矮的灌木、地被植物、花卉、草坪	开放式绿地、城市公园、广场等入口处	开敞向外、轻松、自由、无隐私(见图 2-8)
半开敞空间	四周不完全开敞,有部分视线用植物遮挡	高大的乔木、中等灌木、乔灌草组团	开敞空间到封闭空间的过渡区域	若即若离、神秘、有一定的隐私
封闭空间	植物高过人的视线,使人的视线受到制约	高灌木、分枝点低的乔木、高绿篱	小庭院、休息区、独处空间	亲切、宁静(见图 2-9)
水平空间	水平方向开阔,横向的空间	低矮灌木、低绿篱、地被植物	大广场、大树林、大草地、大水体	开阔、明朗(见图 2-10)
垂直空间	空间水平距离短,空间竖向垂直,向上延伸,顶面开敞的空间	高而细的植物,空间垂直面以树干来暗示空间	纪念性园林、绿篱迷宫	封闭感、隔离感、强烈的竖向引导性(见图 2-11)
纵深空间	空间中的两侧被植物遮挡,形成狭长空间,具有纵深的方向感,将视线引向空间的端点	枝叶茂密高大的乔木、高绿篱、大灌木	河流、峡谷旁、道路边	纵深感、遮蔽感(见图 2-12)
覆盖空间	遮阴树树冠造成顶面的覆盖空间	枝叶茂密分支点高的大乔木、攀缘植物	较大的活动空间和遮蔽休息的区域	安全、宁静、封闭感(见图 2-13)

图 2-8 开敞空间(蔡清 摄于邢台第三届园林博览会)

图 2-9 封闭空间(蔡清 摄于哈尔滨平房公园)

图 2-10 水平空间(蔡清 摄于杭州西湖)

图 2-11　垂直空间(蔡清 摄于长沙烈士公园)

图 2-12　纵深空间(蔡清 摄于平顶山建业桂圆小区)

图 2-13　覆盖空间(蔡清 摄于岳阳南湖广场)

(二) 植物的空间构筑功能

1. 利用植物创造空间

植物具有乔木、灌木、草坪、花卉等多种类型。不同类型的植物因其高度、枝叶密度、形态等不同而给人以不同的视觉感受与心理感受,在空间塑造中起到空间顶面、立面、地面的作用。例如,可以利用茂密的树冠构成空间顶面,给人以覆盖、封闭之感;利用高分枝点植物的树干,在空间立面中形成"栏杆"的效果,或利用大灌木遮挡人的视线,在空间立面中形成"墙"的效果,给人以围合感。利用各种类型植物进行空间围合,能够创造丰富的空间类型(见图2-14)。

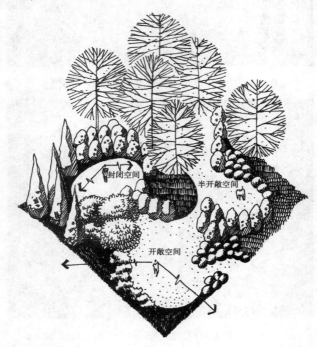

图 2-14　植物创造的丰富空间(引自《景观设计要素图解及创意表现》刘佳)

2. 利用植物组织空间

在园林设计中,园林场地往往被划分为多个不同类型的空间。这些空间不仅需要利用植物进行创造。同时,空间与空间之间连接、过渡、分隔等关系也需要利用植物来组织,从而达到空间与空间之间有机联系的效果,形成自然、有序、变化、连贯的空间序列(见图2-15)。

3. 植物的空间拓展功能

拓展是指在原有的基础上,增加新的东西。植物的空间拓展功能是指通过植物景观的营造达到促使原有空间"变化"的效果。常用的手法有利用多而小的植物营造以小见大的空间效果(见图2-16);采用"欲扬先抑"的手法,借助植物创造一系列明暗、开合的对比空间,以"小空间"衬托"大空间",使原有"大空间"在人的心理上呈现比原有空间更"大"的心理感受(见图2-17);利用植物,将室外空间引入室内空间,达到拓展建筑空间的效果。

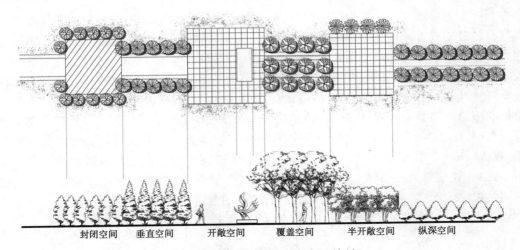

封闭空间　　垂直空间　　开敞空间　　覆盖空间　　半开敞空间　　纵深空间

图 2-15　植物组织空间（姜晧阳 绘制）

图 2-16　植物营造以小见大的空间效果（党莉琼 绘制）

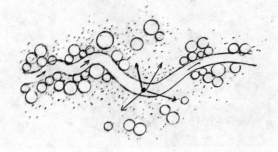

图 2-17　"小空间"衬托"大空间"（党莉琼 绘制）

三、社会功能

(一)美化功能

1. 植物的造景功能

植物的造景功能主要体现在作为风景主景（见图 2-18）、引景和障景、框景与透景三个方面。作为风景主景的植物应在形态、色彩等方面具有较好的观赏特性,或植物配置景观具有较好的观赏效果,能够吸引游人视线,成为游人视线的焦点。障景和引景二者紧密相连。植物的引导功能是指沿着园林道路种植膝下植物,形成线形植物景观,能有效引导人的视线向前(见图 2-19)。植物的障景功能是指植物可以直立屏障的效果,控制人的视线,将俗物屏障于视线以外。植物的障景功能也多应用在园林道路转弯处,利用具有观赏价值的植物遮挡游人视线,在障景的同时引起人们对遮挡景色的好奇心,从而引导游人前行观看(见图 2-20)。框景与透景则是利用植物构建"画框"的效果,使游人能够更好地聚焦、观赏"画框"中的景色,在"框"与"透"之间实现景色观赏、空间联系的效果(见图 2-21)。构成框景的植物应该选用高大、挺拔、形状规整的植物;而位于透景线上的植物则要求比较低矮,不能阻挡视线,并且具有较高的观赏价值。

图 2-18　主景作用(蔡清 摄于哈尔滨太阳岛风景区)

图 2-19　引导作用(蔡清 摄于岳阳楼风景区)

图 2-20　障景作用(蔡清 摄于襄阳习家池)

图 2-21　框景与透景(蔡清 摄于无锡蠡园)

2. 植物的统一和联系功能

景观中的植物,尤其是同一种植物,能够使得两个无关联的元素在视觉上联系起来,形成统一的效果(见图 2-22)。

3. 植物的强调和标识功能

植物的强调作用是指通过植物的配置达到强化景观效果的作用。例如,通过植物的种植强化构筑物的韵律感(见图 2-23);通过植物的种植强化地形的起伏变化(见图 2-24);通过植物的烘托,强调园林小品(见图 2-25)。植物的标识作用是指利用植物特殊的外形、色彩、质地吸引人的视线,使其成为视线的焦点,同时达到关注周围景物的效果(见图 2-26)。

图 2-22　植物的统一和联系功能 (姜晧阳 绘制)

图 2-23　韵律的强调 (蔡清 摄于湖南大学)

图 2-24　强调地形变化 (蔡清 摄于成都华成公园)

图 2-25　烘托强调作用（蔡清 摄于随州神农公园）

图 2-26　大乔木的标识作用（蔡清 摄于邢台第三届园林博览会）

4. 植物的柔化功能

丰富的植物姿态使植物具有各种柔和的线条美，同时与钢筋混凝土的硬质景观相比，植物更具有亲和性，令人放松。因此，植物景观被称为软质景观。利用植物的这些特性，在建筑物前、道路边沿、水体驳岸等处种植植物，可以起到柔化的作用（见图 2-27）。

（二）植物的文化功能

文化是时代的产物，具有一定的时代性。文化体现在社会发展的方方面面。植物作为园林的重要组成要素，自古以来，就被人们用来表达自己的某种情感，从而形成独特的植物文化，体现着一个时代对园林的理解及情感的寄托。如菊花傲霜而立，清廉高洁，象征离尘居隐、临危不屈，陶渊明诗曰"芳菊开林耀，青松冠岩列。怀此贞秀姿，卓为霜下杰"；松，苍劲古雅，不畏严寒，具有坚贞不屈、高风亮节的品格。《论语·子罕》中孔子云：

图 2-27　植物的柔化作用(蔡清 摄于长沙贾谊故居)

"岁寒,然后知松柏之后凋也",《荀子》中有:"岁不寒无以知松柏,事不难无以知君子"的格言;紫藤有紫气东来的美好寓意,在棚架上种植紫藤,祈求福气祥瑞的到来(见图 2-28)。

图 2-28　紫气东来(蔡清 摄于信阳郝堂村)

　　植物的这种源自中国传统文化的内涵仍旧反映在现代园林设计中,并在不断的社会发展中被深化、发展,形成新的植物文化,用以打造具有地域文化的植物景观,彰显地方文化与地域风格。现在中国各城市都在确定本市的市花、市树,通过市花、市树美化城市环境的同时,利用植物的象征意义表现市民的精神面貌,例如杭州选择桂花为市花,桂花芳香高贵,象征胜利夺魁,流芳百世;福州选择榕树为市树,榕树长寿、吉祥,寓意荣华富贵,从而创造人文精神、花木气质、性格高度一致的植物造景。

四、经济功能

植物能够产生巨大的直接和间接的经济效益。植物作为建筑、食品、化工等主要的原材料,产生了巨大的直接经济效益,通过保护、优化环境创造了巨大的间接经济效益。

五、保健功能

园林植物不仅具有生态效益、经济效益及社会效益,而且为游人的养生保健贡献着自己的力量。我国保健植物资源非常丰富。所谓保健植物,有学者认为保健植物是指对人们身心健康的保持、保护有着明显功效的植物。植物的保健功效表现在植物群落意境、植物生态功效、植物五行设计、植物色彩等多方面。植物的保健功能通过视觉、听觉、嗅觉、触觉、味觉得以实现。

(一)视觉型

有研究表明:人们对世界的认知,80%来自于人的眼睛。植物通过花、叶、果、枝展现其色彩美、形体美,为游人带来舒适的视觉享受。在德国绿地被称为"绿色医生",在绿地中的光线可以激发人们的生理活力,有助于消化、排毒、消炎,减轻心脏负担,对肝脏和胆囊的刺激较强。绿色能吸收强光中对眼睛有害的紫外线。对光的反射,青色反射36%,绿色反射47%,对人的神经系统、大脑皮层和眼睛的视网膜比较适宜,对促进身体平衡,有一定的镇静作用,对好动者及身心压抑者有益。如果在室内外有花草树木繁密的绿空间,就可以使眼睛减轻或消除疲劳。

(二)听觉型

人们对雨打芭蕉、万顷松涛、柳浪闻莺这类词汇并不陌生,这正是植物通过不同方式发出的声响,使游人心理获得了美感和满足感,从而达到调节身心的目的。

(三)嗅觉型

嗅觉型保健植物主要通过植物散发的各种香气或其他挥发性物质,如芳香油、菇烯类物质来起作用。现代研究发现,植物香气能影响人的情绪和精神,改善人的生理和心理反应。医学界已发现有150多种香气可用来防病治病。人们将利用植物香精治疗或预防疾病的自然治疗法称为芳香疗法。有些植物挥发出的香气可以安定情绪,振奋人心,同时对昏厥、疲劳和消极情绪均有一定的克服作用。

(四)触觉型

植物通过其花、茎、叶、枝等不同的质感作用于人的感觉器官,同时通过人们对植物的接触促进植物挥发出来的物质经过皮肤毛孔直接吸收,达到健身治病的目的。

(五)味觉型

中医保健讲究医食同源,植物的不同部位具有不同的食用价值和保健功能。例如,银杏果实具有促进血液循环、改善记忆和抗氧化的功能。银杏叶能增加神经递质含量,提高信号传递能力。特别是对于一些智力老化的老年人来说,使用银杏叶可以提高智力活动能力,也对预防阿尔茨海默病有很大帮助。

● **理论思考、实训操作及价值感悟**

1. 请归纳整理园林植物功能思维导图。

2. 找一个园林案例,对其园林植物的功能进行分析。

3. 说出营造小气候环境的方法。

4. 从植物保健功能的角度,探讨一下如何构建保健型园林空间。

5. 请找一个中国古典园林案例,对其植物文化景观的特色进行分析。

6. 你了解"绿水青山就是金山银山"的生态理念么？从城市环境及自然环境的角度,比较自己所在城市近十年的变化与发展,谈谈你对"金山银山"生态理念的理解。

第二节　园林植物的分类

一、依据生活型分类

(一) 落叶型

二维码 2-2　园林植物的分类

落叶型植物是指春季枝叶萌发,夏季枝叶繁茂,秋冬季树叶凋落的植物。根据叶形的不同,落叶型植物分为落叶针叶树和落叶阔叶树。落叶型植物在外形和特征上有明显的四季变化,是植物季相景观塑造的重要素材。落叶型植物秋冬季叶片凋落后,能够呈现独特的植物枝干形象,展现植物枝干的色彩与肌理美,这些不仅是植物冬态识别的重要特征,而且是植物的冬季观赏特性。

(二) 常绿型

常绿型植物是指叶龄长,树叶经冬不落,或者落叶很少,表现为四季常绿的植物。根据叶形的不同,常绿型植物分为常绿针叶树和常绿阔叶树。常绿型植物在园林中具有重要的作用,冬季具有较好的挡风效果,可作为防护林用树;四季常青,可作为浅色植物或浅色雕塑的背景;枝叶繁茂,可用作视线不佳位置的遮挡物。

二、依据形态分类

园林植物依其外部形态分为乔木、灌木、藤本植物、花卉、草地植物、水生植物等。

(一) 乔木

乔木具有体形高大、主干明显、树干与树冠有明显区别、分枝点高、寿命长等特点(见图 2-29)。根据其体形高矮有大乔木(20 m 以上)、中乔木(8~20 m)和小乔木(8 m 以下)之分。根据一年四季叶片脱落状况又可分为常绿乔木和落叶乔木两类;叶形宽大者,称为阔叶常绿乔木或阔叶落叶乔木;叶片纤细如针状者则称为针叶常绿乔木或针叶落叶乔木。乔木是园林中的骨干植物,对园林布局影响很大,在园林功能上,或艺术处理上都能起到主导作用。

(二) 灌木

灌木没有明显主干,呈丛生状态(见图 2-30)。一般体高 2 m 以上者称为大灌木,体高 1~2 m 者为中灌木,体高不足 1 m 者为小灌木。根据形态特征的不同可分为丛生灌木、直立型灌木、垂枝型灌木、匍匐型灌木等。灌木有常绿灌木与落叶灌木之分。灌木主要用作下木、绿篱或基础种植,开花灌木用途最广。

图 2-29　乔木(蔡清 摄于岳阳楼风景区)

图 2-30　灌木(蔡清 摄于平顶山鹰城广场)

(三)藤本植物

藤本不能自立,是必须依附于其他物体而向上生长的草质植物或者木质植物,亦称攀缘植物(见图 2-31)。如地锦、葡萄、紫藤、圆叶牵牛、凌霄等。据不完全统计,我国可培栽利用的藤本植物约有 1 000 种。藤本有常绿藤本与落叶藤本之分。依据攀附方式不同又可分为缠绕类、钩刺类、吸附类、卷须类、蔓生类、匍匐类和垂钓类等。因藤本植物没有固定的株型,因此可以根据塑造景观的需要及支撑物的形状塑造出不同形态的景观效果。藤本常作为花架凉棚、篱栅、廊柱、岩石、墙壁等的攀附物,以增加立面艺术构图效果,但同时要注意落叶藤本植物在秋冬季节落叶后,干枯的枝干对景观的影响(见图 2-32)。

图 2-31　藤本植物 (蔡清 摄于北京紫竹院)

图 2-32　干枯藤本对景观的影响 (蔡清 摄于襄阳习家池)

（四）花卉

花卉是指姿态优美、花色艳丽、花香郁馥,具有观赏价值的草本植物和木本植物,通常是指草本植物。草本花卉没有主茎或虽有主茎但不具木质或仅基部木质化。草本花卉根据花卉生长期的长短及根部形态和对生态条件的要求可分为一年生花卉、二年生花卉、多年生花卉(宿根花卉)、球根花卉等。木本花卉可分为乔木、灌木和藤本等。花卉是园林中做重点装饰的植物材料,多用于园林中的色彩构图,常用作强调园林出入口的装饰,广场的构图中心,装饰小品及公共建筑附近的陪衬和道路两旁、树林边缘的点缀,在烘托气氛、丰富景色方面有独特的效果。

（五）草地植物

草地植物是指园林中用以遮盖地面的低矮草本植物,形成草地或称草坪。根据草种不同,可分为暖季型草坪与冷季型草坪。根据植株体的高度,草地植物可分为高草本、中高草本与低草本。草地植物是园林艺术构图的底色和基调,能增加园林构图的层次感,是供游人观赏及露天活动和休息的理想场地。

（六）水生植物

水生植物是指自然生长在水中、沼泽或岸边潮湿地带的,多为宿根或球茎、地下根状茎的多年生植物。

国内依据水生植物习性及其在水中分布的深浅不同可分为以下几类:漂浮植物、沼生植物、浮叶植物、沉水植物。国外的分类方式一般将水生植物分为浅水植物、沉水植物、浮生植物及浮叶植物。浅水植物生长于浅水或池塘周围潮湿的土壤里,在水、陆之间起过渡和柔化作用。沉水植物指生长于水面以下,在水中能释放氧气,因而又叫生氧植物,其基本作用是消耗水中多余的养分,抑制藻类生长,保持池水清洁。浮生植物指该植物自由浮于水面生长,可通过竞争营养,荫蔽水面,从而降低水温,减少光照投射量而抑制藻类生长。浮叶植物指有"水中女神"之称的睡莲属,有"莲花之王"之称的王莲属即属此类(见图 2-33)。

图 2-33　王莲(蔡清 摄于苏州拙政园)

三、依据园林用途分类

依据园林用途,园林植物可分为:孤植树、庭荫树、行道树、观花树(花木)、绿篱、地被植物、盆景、室内绿化植物。

（一）孤植树

孤植树又称独赏树、标本树、赏形树、独植树。主要表现树木的体形美,可以独立作为景物观赏用。适宜作孤植树的树种,一般需树木高大雄伟,树形优美,其树冠开阔宽大,具有特色,且寿命较长,可以是常绿树,也可以是落叶树;通常选用具有美丽的花、果、树皮或叶色的种类。定植的地点应有开阔的空间,以在大草坪上最佳,或植于广场中心、道路交叉口或坡路转角处(见图 2-34)。

图 2-34　孤植(蔡清 摄于荆州园林博览会)

(二)庭荫树

庭荫树又称绿荫树,主要以能形成绿荫供游人纳凉避免日光暴晒和装饰用。在树种选择时应以观赏效果好的为主,结合遮阴的功能来考虑(见图 2-35)。但不宜选用易于污染衣物的种类。定植的地点多为路旁、池边、廊、亭前后或山石建筑相配,或在局部小景区三五成组的散植各处,形成有自然之趣的布置;也可在规整的有轴线布局的地区进行规则式配置。

图 2-35　庭荫树(蔡清 摄于巩义康百万庄园)

(三) 行道树

行道树是为了美化、遮阴和防护等目的,在路旁栽植的树木。

(四) 观花树

观花树又称花木,是指具有美丽的花朵或花序,其花形、花色具有观赏价值的乔木、灌木及藤本植物的统称。观花树在园林中有巨大的作用,应用极其广泛。可作为独赏树兼庭荫树、行道树、专类花园、花篱或地被植物等。配置形式可对植、独植、丛植、列植、剪形等。定植地点多为路旁、坡面、道路转角、座椅周旁、岩石旁、湖边、岛边、建筑旁。

(五) 绿篱

植篱又称为绿篱或树篱或绿墙,是由灌木或小乔木密植而形成的篱桓,栽成单行或双行的紧密结构的规则种植形式。高度超过人们视线的称绿墙。按照篱的特点,可分为花篱、果篱、彩叶篱、枝篱、刺篱等;按高矮可分为高篱(1.5 m)、中篱(1~1.5 m)、低篱(0.2~1 m);按形状有整形式、自然式等(图 2-36)。

图 2-36　绿篱(蔡清 摄于平顶山学院)

(六) 地被植物

地被植物是指凡能覆盖地面的植物,一般高度在 30 cm 以下,除草本植物外,木本植物中的矮小丛木、偃伏性或蔓生性的灌木及藤本均可用作园林地被植物。地被植物的选择,主要考虑植物生态习性需要能否适应环境条件。地被植物对改善环境、防止尘土飞扬、保持水土、抑制杂草生长、增加空气湿度、减少地面辐射热、美化环境等方面有良好作用(见图 2-37)。

(七) 盆景

盆景可分为山水盆景及树桩盆景(见图 2-38)两大类。选作树桩盆景的要求是生长缓慢、枝叶细小、耐干旱贫瘠、容易成活且寿命长的树种。常见植物有罗汉松、五针松、迎春等。

图 2-37 地被植物（蔡清 摄于郑州植物园）

图 2-38 树桩盆景（蔡清 摄于北京颐和园）

（八）室内绿化植物

室内绿化植物的选择主要是观赏价值高、观赏期长、耐荫性强的种类。一般以常绿性暖热带乔灌木和藤本为主，适当点缀些宿根性观叶草本植物、蕨类植物以及球根花卉（见图 2-39）。切花是室内绿化的重要素材。切花常指从植物体上剪切下来的花朵、花枝、叶片等的总称，它们是插花的素材，也被称为花材，用于插花或制作花束、花篮、花圈等花卉装饰，实际上切花不限于花，凡具有美丽的叶、枝、果、芽等均可作为切花材料。世界四大切花是指月季、菊花、康乃馨、唐菖蒲。

图 2-39　室内绿化（蔡清 摄于北京国际温泉酒店）

● **理论思考、实训操作及价值感悟**

1. 请说出园林植物的分类方式及内容。
2. 请说出不同类型的园林植物在园林中的应用地点及主要应用方式。
3. 在园林游览中能够辨别不同园林植物类型，并感受不同类型园林植物之美。

第三节　园林植物观赏特性

二维码 2-3　园林
植物美学特性

一、形态观赏特性

园林植物形态观赏特性包括体量、姿态（冠形、树干）、脚根、干皮、枝条、叶形、花形、果实。

（一）体量

体量主要表现在植株的高矮、大小上，且呈动态变化。植物体量的选择在一定程度上影响着场地空间范围、结构关系，决定着植物的观赏效果，影响着人对植物景观的心理感受，并与植物的其他观赏特性密切相关。

（二）姿态

姿态指植物从总体形态与生长习性表现出的大致外部轮廓。它是由一部分主干、主枝、侧枝及叶幕决定的。姿态是以枝为骨、叶为肉的千姿百态的植物，依据植物树冠主要有纺锤形、圆柱形、圆锥形、尖塔形、球形、伞形、垂枝形、拱枝形、钟形、匍匐形、特殊形等基本形态（见图 2-40）。

（1）纺锤形：冠形竖直、狭长呈筒状、纺锤状。此类植物整齐、占据空间小，引导视线垂直向上，垂直景观明显。常见植物有木麻黄、钻天杨、落羽杉等。

（2）圆柱形：冠形竖直、狭长呈筒状、顶圆形。此类植物整齐、占据空间小，引导视线

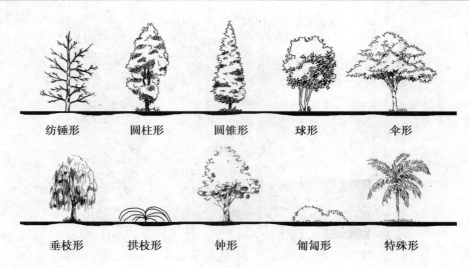

图 2-40　常见植物基本形态 (姜晧阳 绘制)

垂直向上,垂直景观明显。常见植物有紫杉、糖槭等。

(3)圆锥形、尖塔形:植物外观呈圆锥状或尖塔状,整个形态从底部逐渐向上收缩,最后在顶部形成尖头。此类植物总体轮廓分明、特殊,线条方向感强烈,能引导人的视线向上,造成高耸的感觉;大量使用或与低矮的圆球形植物搭配使用会显得比实际高度还要高;用于山体绿化,能与山体较好协调,可有效增加山势。常见植物有雪松、冷杉、金钱松、云杉等。

(4)球形:包括半球形、卵形、倒卵形、椭圆形。此类植物以曲线为主,柔滑圆曲,在引导视线方面既无方向性,也无倾向性,有温和感,多用于联系贯穿树木布置,把各种树木互相顺接,使植物景观具有统一感。常作为过渡树种来布局造景。常见植物有海桐、小叶黄杨等。

(5)伞形:枝干水平向上,姿态舒展、潇洒,枝条、叶有强烈的水平向上感。此类植物形象比较安定、亲切,会引导视线沿水平方向移动,有水平的韵律感,用于开阔处,造景效果较好。用于平矮的建筑旁,能延伸建筑物的轮廓,使建筑与环境较好地融合。常见植物有合欢、龙爪槐、矮紫杉等。

(6)垂枝形:树冠枝条弯曲而下垂,能够引导人的视线向下。常植于湖边、堤岸,与水波相协调。如垂柳、垂枝山毛榉等。

(7)拱枝形:枝条长而下垂,形成拱券式或瀑布式的景观。能够引导人的视线向下,给人以柔和、平静之感。常见植物有迎春等。

(8)钟形:大多数树木的外轮廓都属于此类,外形雄伟、朴实,如鹅掌楸等。

(9)匍匐形:茎平卧在地上,枝干匍匐向前生长。具有平面延伸的感觉。常见的植物有铺地柏、沙地柏等。

(10)特殊形:其造型奇特,树形清、奇、古、怪。能够吸引人的注意,成为视线焦点,常作为孤植树,或与置石、假山结合在一起。常见的植物有棕榈、苏铁、椰子及一些古松、古柏等。

(三)脚根

脚根即植物根部露出地面的部分,以其自然形态(如榕树的呼吸根),或加工形态(如人为使观根盆景的根部显露于天地之间)独成景观(见图2-41)。

图 2-41　呼吸根(蔡清 摄于重庆动物园)

(四)干皮

植物的干皮由于树皮的脱落、光滑程度的不同、皮孔形态的不同等而呈现旋涡状、平滑状、横纹状、龟甲状、斑块状、针刺状、纵裂状等多种形态。有些树木随着树龄的增长,干皮也会发生变化,如白皮松幼年时干皮表面光滑,成年后干皮呈不规则斑块状剥落(见图2-42)。

图 2-42　成年白皮松(蔡清 摄于北京颐和园)

(五)枝条

枝条以其分枝数量、长短以及枝序角等围合成各种树冠以供赏鉴,所以树冠之美取决

于枝条之姿。依枝条的性质可分为向上形、下垂形、水平形、波状形、匍匐形、攀缘形等
类形。

（1）向上形——新疆杨、侧柏、榉树等。

（2）下垂形——垂柳、垂枝榆、垂桑、垂枝榕、龙爪槐等。

（3）水平形——冷杉、雪松、云杉、南洋杉、凤凰木等。

（4）波状形——龙爪柳、柿等。

（5）匍匐形——偃柏、枸杞、平枝枸子等。

（6）攀缘形——紫藤、地锦、山荞麦、牵牛等。

（六）叶形

园林植物叶形各异，颇具欣赏价值。植物叶有单叶、复叶之分。

1. 复叶类（见图 2-43）

（1）奇数羽状复叶——国槐、黄檀、刺槐、红豆、十大功劳、黄连木、紫薇等。

（2）偶数羽状复叶——无患子、香椿、荔枝、龙眼等。

（3）多回羽状复叶——南天竹、楝树、合欢、栾树等。

（4）三出羽状复叶——胡枝子、迎春等。

（5）掌状复叶——七叶树、木棉、五加、棕竹等。

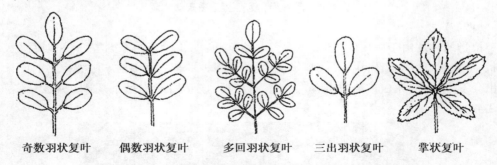

奇数羽状复叶　　偶数羽状复叶　　多回羽状复叶　　三出羽状复叶　　掌状复叶

图 2-43　复叶叶形（引自《植物景观规划设计》苏雪痕）

2. 单叶类

（1）针形——松类、柳类、柏类、麻黄等。

（2）披针形——夹竹桃、桂花、结香、白玉兰、竹类、柳类、落叶松等。

（3）倒披针形——肉桂、瑞香、马醉木等。

（4）线形——紫杉、冷杉、金钱松、马蔺、结缕草、野牛草等。

（5）心脏形——泡桐、椴、臭牡丹、紫荆、绿萝等。

（6）倒卵形——玉兰、卫矛、桃叶珊瑚等。

（7）圆形——柿、猕猴桃、茉莉花、王莲、芡实等。

（8）椭圆形——四照花、木兰、胡颓子等。

（9）广椭圆形——朴树、菠萝花、野茉莉等。

（10）长椭圆形——广玉兰、八角树、冬青、金丝桃等。

（11）匙形——麻栎、厚朴等。

（12）马褂形——鹅掌楸、美国鹅掌楸等。

（13）掌形——八角金盘、梧桐、木薯、鸡爪槭、葡萄、八角枫、刺楸等。

（14）菱形——乌桕、刺桐等。

（15）鳞形——侧柏、柽柳等。

（七）花形

花是园林植物重要的观赏特性。虽然花均由花冠、花萼、花托、花蕊组成，但它们却呈现出千姿百态的花形。大约25万种被子植物中，就有25万种的花式样。

（八）果实

一般果实的形状以奇、巨、丰为准。"奇"指形状奇特有趣，如葫芦瓜、佛手等，也有果实富于诗意的，如王维"红豆生南国，春来发几枝。愿君多采撷，此物最相思"诗中的红豆树等；"巨"指单体的果形较大，如柚、榴莲等，或虽小而果穗较大，如接骨木等。"丰"是就全树而言，结果繁多，才能发挥较高的观赏效果，如火棘、石楠等。果实不仅具有观赏价值，而且具有招引鸟类及禽兽类的作用，能给园林带来生动活泼的气氛。

二、色彩观赏特性

园林植物色彩观赏特性主要表现在花、叶、枝干、果实四方面。其色系有红色、橙色、黄色、绿色、蓝色、紫色、白色等。

（一）花色

花色是植物观赏特性中最为重要的一方面。花色给人的美感最直接、最强烈。常见花色植物见表2-2。

表2-2　常见花色植物

花色	代表植物
红色	桃、红山桃、海棠花、贴梗海棠、李、梅、樱花、蔷薇、月季、玫瑰、石榴、红牡丹、山茶、杜鹃、锦带花、红花夹竹桃、毛刺槐、合欢、粉红绣线菊、紫薇、榆叶梅、紫荆、木棉、凤凰木、芍药、东方罂粟、红花美人蕉、大丽花、兰州百合、一串红、千屈菜、凤尾鸡冠花、美女樱
橙色	美人蕉、萱草、菊花、金盏菊、金莲花、半枝莲、旱金莲、孔雀草、万寿菊、金桂、东方罂粟
黄色	连翘、迎春、金钟花、黄刺玫、栎棠、黄牡丹、蜡梅、黄花夹竹桃、金花茶、栾树、美人蕉、大丽花、宿根美人蕉、唐菖蒲、向日葵、金针菜、大花萱草、黄菖蒲、金光菊、一枝黄花、菊花、金鱼草、紫茉莉、半枝莲
蓝色	瓜叶菊、崔雀、乌头、风信子、耧斗菜、马蔺、鸢尾、八仙花、木蓝、蓝雪花、蓝花楹、轮叶婆婆纳、蓝刺头
紫色	紫藤、三色堇、鸢尾、桔梗、紫丁香、裂叶丁香、木兰、木槿、泡桐、醉鱼草、紫荆、耧斗菜、沙参、德国鸢尾、紫苑、石竹、荷兰菊、二月兰、紫茉莉、紫花地丁、半枝莲、美女缨
白色	白玉兰、白丁香、白牡丹、白鹃梅、珍珠花、蜀葵、金银木、白兰、百花夹竹桃、白木槿、珍珠绣线菊、刺槐、毛白杜鹃、白碧桃、杜梨、梨、珍珠梅、山梅花、溲疏、广玉兰、白山桃、白山茶、含笑、石楠

(二)叶色

自然界中大多数植物的叶色为绿色,但绿色也有嫩绿、浅绿、深绿、暗绿、蓝绿、灰绿之分。常见的嫩绿叶植物有馒头柳、金银木、刺槐、洋白蜡等。浅绿叶植物有合欢、悬铃木、七叶树、鹅掌楸、玉兰、银杏、元宝枫、碧桃、山楂、水杉、落叶松、北美乔松等。深绿叶植物有枸骨、女贞、大叶黄杨、水蜡、钻天杨、加杨、君迁子、柿树等。暗绿叶植物有油松、桧柏、雪松、侧柏、麦冬、华山松、书带草、葱兰等。蓝绿叶植物有翠蓝柏等。灰绿叶植物有桂香柳、银柳、秋胡秃子、野牛草、羊胡子草等。

除绿色外,植物的叶色也有彩色的。凡是叶色随着季节的变化出现明显改变,或是终年具备绿色之外叶色的植物,均被称为色叶植物或彩叶植物。根据叶片的呈色时间及部位不同,将色叶植物分为秋色叶植物、春色叶植物、常色叶植物。常见色叶植物见表 2-3。

表 2-3　常见色叶植物

分类		叶色	代表植物
季相色叶植物	秋色叶	红色	鸡爪槭、元宝枫、五角枫、茶条槭、枫香、黄栌、地锦、五叶地锦、小檗、火炬树、柿树、山麻秆、盐肤木等
	春色叶	黄色	银杏、洋白蜡、鹅掌楸、加杨、柳树、无患子、槭树、麻栎、栓皮栎、水杉、金钱树、白桦、槐、元宝枫等
		红色	石楠、桂花、臭椿、五角枫、山麻秆等
		黄色	垂柳、朴树、石栎、金叶刺槐、金叶皂角、金叶梓树等
常色叶植物		红色	三色苋、红枫等
		紫色	紫叶小檗、紫叶李、紫叶桃、紫叶榛、紫叶黄栌、紫叶矮樱等
		黄色	金叶鸡爪槭、金叶小檗、金叶女贞、金叶锦熟黄杨、金叶榕、金叶假连翘、金叶雪松等
		银色	银叶菊、高山积雪、银叶百里香等
		双色	银白杨、胡颓子、栓皮栎、青紫木、广玉兰、枇杷等
		花色	变叶木、黄金八角金盘、彩叶草、银边八仙花、三色虎耳草、金心常春藤、洒金常春藤等

(三)枝干色

植物的枝干也常带有特殊的颜色,如红色、黄色、白色等。这些颜色使植物的枝干具有一定的观赏性,特别是在寒带地区的冬季,枝干的形态、颜色更加醒目,成为秋冬季节的主要观赏特性。常见枝干色植物见表 2-4。

表 2-4　常见枝干色植物

枝干色	代表植物
红色	红瑞木、青刺藤、赤松、樱花、山杏、柳杉、紫竹、马尾松、野蔷薇等
黄色	金竹、黄皮刚竹、金镶玉竹、连翘等
白色或灰色	白桦、白皮松、银白杨、核桃、白杆竹、粉单竹、二色茶、柠檬桉等
青绿色	竹、棣棠、迎春、梧桐、国槐、河北杨、新疆杨等
古铜色	山桃、稠李、桦木、华中樱花等

(四)果色

自古以来,观果植物在园林中广泛应用。植物的果实以其鲜艳的果色、独特的果形成为园林植物重要的观赏特性之一。常见果色植物见表 2-5。

表 2-5　常见果色植物

果色	代表植物
红色	小檗类、多花荀子、山楂、天目琼花、枸杞、火棘、樱桃、金银木、南天竹、石榴、丝棉木等
橙色	柚、橘、柿、甜橙、枸橘、贴梗海棠等
黄色	梅、杏等
紫色、黑色	紫珠、葡萄、十大功劳、女贞、水蜡、八角金盘、常春藤、接骨木、小叶朴、金银花等
白色	珠兰、红瑞木、雪里果、玉果南天竹等

三、质感观赏特性

质感是由于感触到素材的表面结构而产生的材质感。植物的质感受到叶片大小、枝条长短与疏密、干皮纹理、植物的综合生长习性以及观赏植物的距离等因素的影响。粗糙、不光滑的质感给人以原始、自然、朴素、稳定、力量之感,光滑的质感给人以优雅、细腻、华丽之感。

不同的植物,具有不同的质感。悬铃木、马褂木给人以粗犷、宽阔、舒展的质感;合欢给人以细腻的质感;刺槐、毛白杨的树干给人以粗壮、苍劲之感;花朵常常给人以娇嫩、细薄之感;松树的叶子给人以细长、坚挺的质感。植物景观设计中,要根据环境要求,利用植物的质感特性形成景观。

● 理论思考与实训操作

1.归纳整理园林植物观赏特性分类表。

2.找一个景观案例,对其中的园林植物观赏特性进行分析。

3.找一个中国古典园林的案例,对其中的园林植物文化观赏特性进行分析。

第四节　园林植物文化特性

二维码 2-4　园林植物文化特性

　　园林植物文化是指在中国历史发展的过程中,在士人文化、民俗文化等多种因素的影响下,人们利用植物的形态、名称、传说、品质等特征,赋予植物一定的吉祥寓意,使其具有一定的文化内涵,通过植物单体或植物组合的方式,更加深刻地表达人们对美好事物的某种意愿,这些具有中国吉祥寓意的植物称为中国传统吉祥植物。

一、中国传统吉祥植物的资源及分类

吉祥植物资源分类见表 2-6。

表 2-6　吉祥植物资源分类

吉祥寓意	吉祥植物种类
福	佛手、牡丹、梅、桂花、柿子、灵芝、兰花、葡萄、蔓草、水仙、海棠、橘子、梧桐、荷花
禄	槐树、葫芦、鸡冠花、桂圆、杏树、荔枝、桂花
寿	松、菊、桃树、万年青、灵芝、葡萄、忍冬、天竹(中文学名:南天竹)、柏木
喜	竹、梅、石榴、葫芦、绣球花、葡萄、萱草、枇杷、百合、合欢、紫荆、桑树、栗子
财	枇杷、芙蓉、槐树
吉	桃树、柳树、石榴、茱萸、艾叶、无患子(又称为菩提子)、葫芦

二、中国传统吉祥植物的吉祥寓意

中国传统吉祥植物的吉祥寓意见表 2-7。

表 2-7　中国传统吉祥植物的吉祥寓意统计

植物品种	吉祥寓意
竹	弯而不折,折而不断,象征柔中有刚的做人原则;竹子空心,象征谦虚;外形纤细柔美,四季长青不败,象征年轻;未出土时先有节,纵凌云处也虚心,象征最有气节的君子;与"祝"谐音,竹报平安,驱邪祈平安
梅	傲霜耐寒、坚强刚毅、刻苦耐劳
松	坚贞顽强、高风亮节;针叶成对,象征婚姻幸福美满;顽强的生命力,象征健康长寿、富贵延年
橘子	经霜而后红,象征凌寒坚贞、不怕摧折的骨气;"橘"谐音"吉",象征吉利
柏树	坚贞顽强;顽强的生命力,象征健康长寿、富贵延年
毛白杨	象征坚忍不拔、奋发向上
菊	坚贞不屈、意志顽强、品性高洁、孤标傲世;食之益寿延年,象征健康长寿
兰花	芳香袭人、花姿优美,是高洁、典雅的象征;象征友谊
水仙	别名凌波仙子,象征纯洁、高尚、美好、吉祥

续表 2-7

植物品种	吉祥寓意
莲花	出淤泥而不染,洁身自好;莲花根盘,而枝、叶、花茂盛,象征夫妻和睦
荷花	出淤泥而不染,花中君子
银杏	又名"公孙树",象征长寿不老;刚毅正直、坚忍不拔的精神
紫薇	紫色的花象征祥瑞富贵;紫气东来,喜气祥瑞
枸杞	益精补气,象征延年益寿
桑	桑树多籽,象征生命力与生殖力
牡丹	花香艳盖世,象征富贵和荣誉
桂圆	圆球形,与荔枝、核桃组合,寓意连中三元;桂谐"贵"音,象征尊贵
石榴	石榴多籽,象征多子多福
枇杷	"摘尽枇杷一树金"象征财富;枇杷多籽,寓意多子多福
荔枝	圆球形,与桂圆、核桃组合,寓意连中三元
绣球花	春季开花,寓意希望;别名"八仙花",象征吉祥
合欢	寓意夫妻恩爱、和睦
紫荆	叶子心型,寓意妯娌和睦,夫妻同心
杜鹃	花中西施,象征着国家的繁荣富强和人民的幸福生活
火棘	象征大公无私、刚正不阿
菖蒲	药用功效甚多,象征驱邪避恶
蓍草	草之多寿者,象征长寿
常春藤	藤蔓绵长,象征生生不息、万代绵长
葡萄	藤蔓绵长,果实累累,寓意多子、丰收、富贵、长寿
金银花	藤蔓绵长,象征生生不息、万代绵长
蔓草	藤蔓绵长,茂盛长久的吉祥象征
紫藤	寿命长,藤蔓绵长,象征长寿;紫色的花祥瑞富贵
葫芦	藤蔓绵延,结实累累,象征多子多福,万代绵长;谐音"福禄";尽收人间妖气,驱邪避恶
灵芝	形似如意,象征吉祥如意;食灵芝者起死回生,象征健康长寿
月季	别名长春花,象征长久
佛手	"佛"谐"富"音,象征祝福吉祥
海棠	吉祥如意,与玉兰、牡丹、桂花配置,形成"玉堂富贵"的意境
天竹	取"天"字,与其他植物配置,寓意天长地久、天从人愿、天地长春等

续表 2-7

植物品种	吉祥寓意
杏	幸福吉祥,象征春意;相传杏园是孔子讲学之地,后世以杏喻进士及第,科举高中
枣树	早生贵子
玉兰	取"玉"字,与其他植物配置,寓意玉树临风、玉堂富贵、玉堂和平等
桂花	谐"贵"音,象征富贵;"蟾宫折桂""桂林一枝"比喻及第非易,荣耀至极
柳树	"柳"谐"留"音,寄寓留恋、依恋的情感载体;驱邪避恶
芙蓉	"芙"谐"富"音,"蓉"谐"荣"音,象征荣华富贵
柿树	"柿"谐"事"音,象征事事如意
栗子	立子、利子
榉树	"榉"谐"举"音,比喻达官贵人
花生	谐音取意,象征男女插花着生和男女双全之意
百合	百年好合
万年青	顺遂长久、万年长青、万事如意
鸡冠花	"冠"谐"官"音,有加官进爵的美好寓意
桃	仙桃传说,象征延年益寿;驱邪避恶
茱萸	重阳之日,茱萸插门头,象征辟邪图吉
槐树	三槐吉兆,期许子孙三公之意
柏树	民间有插柏枝辟邪的习俗
无患子	洁净,保佑平安
梧桐	栖凤安于梧,象征吉祥佳瑞、富贵安康
红豆	又名"相思豆",寓意象征爱情或相思
萱草	萱草宜男;象征母爱;象征忘忧
艾叶	象征驱邪避恶

● 理论思考、实训操作及价值感悟

1. 说出中国传统吉祥植物的资源及其吉祥寓意。

2. 请分析中西园林植物景观的异同。

3. 请从植物的角度,评价我国古典园林的文化内涵,感受中国园林文化的博大精深。

第五节　园林植物其他美学特性

一、园林植物的芳香美

园林植物通过根、花、叶、茎、果、种子等部位产生芳香气味，从而创造怡人舒适的园林环境。例如桂花清馥，苏州留园有"闻木樨香轩"，周围遍植桂花，开花时节，珠英琼树，有香满空山的意境。芳香植物资源丰富，具不完全统计，在世界上有 3 600 多种芳香植物，被有效开发利用的有 400 多种。主要的芳香植物有香草植物、香花植物、香树植物、香果植物及香蔬植物等五大类。

园林中芳香植物的运用具有重要的意义。一则能够帮助人们减轻压力，舒畅身心，达到神骨俱清的效果。二则能够促进儿童智力及嗅觉发育。研究表明，空气中植物释放的芳香酸、香茅醇、香茅醇、蓝桉烯、等挥发性化学物质能够促进智力发育、活跃思维，这类植物主要有松柏科植物、香椿、广玉兰、桂花、乌桕、银杏、玉兰、海桐、栀子、结香、蜡梅、月季、牡丹等。此外，场所中多种多样的植物散发出的不同香气还能刺激儿童嗅觉的发育。三则能有效弥补夜晚景色观赏效果不足的视觉缺憾，打造别有韵味的园林夜景。四则用来打造盲人花园。但需要强调的是，并不是所有的芳香植物均对人体有益，有些植物香气吸入时间过长或浓度过大反而会影响人的健康。例如，长时间吸入百合花的香气会引起神经系统兴奋导致失眠。

二、园林植物的声响美

声响可加强和渲染园林的氛围，深化空间感，令人遐想沉思，引人入胜。园林中常使用风吹树声使空间感觉变化万千，产生悠远意境。例如，扬州个园春季假山之景，利用风吹竹子，竹叶之间摩擦的"沙沙"之声，让人联想到春季喜雨，从而烘托春季假山一片春意盎然之景。另外，园林中常使用雨打叶片的声音来渲染雨景气氛，烘托雨中静寂。如苏州拙政园留听阁临池而建，池中遍植荷莲，取自李义山诗句"留得残荷听雨声"。

三、园林植物的触觉美

园林植物的触觉美体现在园林植物具有不同质感与园林植物被触碰后植物的反应两个方面。首先，园林植物具有光滑、粗糙、细腻、坚硬、柔软等不同质感。例如凤尾兰叶片锋利坚硬、银杏树叶片细腻柔软、枇杷叶片褶皱粗糙、构树叶片柔软多毛等，不同质感会带给人不同的心理和触觉感受。在儿童康复性园林景观设计中，设计师通过不同质感植物的应用刺激残障儿童的触觉感知，激发儿童的自然探索智力，从而促进儿童的身体康复。另外，当人们碰触植物的时候，有些植物会呈现不同的反应。如紫薇树，轻轻摩擦碰触其树干，整株树木的枝条会呈现微微颤动，好像紫薇树因为"痒痒"而在笑，因此紫薇树又称为痒痒树。再如绽放的含羞草在受到人们碰触后会立即缩成一团，像个害羞的小姑娘躲了起来。这些触觉之美会为人们带来不同于视觉之美的美感体验，从而丰富人们对园林植物的感知。

● 理论思考、实训操作及价值感悟

1. 中国传统文化对中国吉祥植物文化有怎样的影响？

2. 找一个中国古典园林的案例，对其中国传统吉祥植物文化进行分析。

3. 说出中国传统吉祥植物的资源及其吉祥寓意，感受中国园林文化的博大精深。

第三章　园林植物景观设计原则与方法

第一节　园林植物景观设计基本原则

二维码 3-1　园林植物景观设计基本原则

一、保护性原则

尊重自然、保护自然是园林设计的首要原则。植物景观设计只有在保护和利用自然植被与地形生境的条件下,才能创造出自然、优美、和谐的园林空间。尤其对场地内出现的名木古树更要注重对其进行保护。

二、科学性原则

科学性是一切植物景观设计的基础。科学性的核心是要符合生态科学的规律,主要体现在因地制宜与因位制宜两个方面。

(一) 因地制宜

我国疆域辽阔,南北纬度跨度大,地域之间气候环境差别较大,造成自然植物景观及植物种类差异很大,因此植物景观设计必须首先做到因地制宜。在植物景观设计中首先满足植物生物学特性的要求,多采用本地植物种类和品种及乡土树种,不仅能体现地方特色,还能更好地体现植物景观效果,同时满足景观功能要求。乡土植物指原产于本地区或通过长期引种、栽培和繁殖已经非常适应本地区的气候和生态环境,生长良好,拥有实用性强、代表性强、文化性强的一类植物。在营造人工植物群落时,以生态学理论及当地自然群落调查研究为基础,选择当地乡土树种,模仿植物自然群落组合方式和配置形式,进行合理搭配,处理好植物个体与个体之间、个体与群体之间、群体与群体之间,以及个体、群体与环境之间的关系,形成具有乔木、灌木、藤本、草本和地被等形态不同、习性各异、养护成本低、稳定持久的多层复合人工植物群落,造就和谐优美、平衡发展、具有良好自我更新能力的园林生态系统。

(二) 因位制宜

在一个园林中,有山,显高;有地,显低;有水,显湿;旱地,则干;空敞之地,阳光充足;阴暗之地,缺乏阳光。因而,在植物景观设计时要对当地的温度、湿度、水文、地质、土壤等进行深入细致的调查与分析的基础上进行植物景观设计,做到因位制宜。如山丘地宜阳性树种、溪谷水边宜喜湿树种、建筑物墙壁宜攀爬树种、林下宜喜阴树种等。

三、艺术性原则

园林植物景观设计是反映人们审美意识的创作行动,使各种植物通过艺术配置,体现出景观中的自然美和意境美。植物景观的艺术性体现在形式美及时空美两个方面。形式美规律是带有普遍性、必然性和永恒性的法则,是一种内在的形式,也是一切设计艺术的核心。它包括多样与统一、对比与和谐、比例与尺度、节奏与韵律(见图 3-1)、主从与重点、层次与渗透、稳定与均衡(见图 3-2)等形式美法则。园林植物景观的时空美表现在植物作为生命体的成长变化之美,以及观赏者在游览过程中所经历的"步移景异"之美。

图 3-1　节奏与韵律(蔡娟 摄于巴黎郊区索镇公园)

图 3-2　稳定与均衡(蔡娟 摄于法国香波堡)

四、文化性原则

园林设计体现了人与文化的和谐统一。首先,中国园林具有深厚的文化底蕴,作为造园要素之一的园林植物,是人们赋予丰富文化信息的载体,以及托物言志时常常使用的媒介。我国古典园林中的植物景观深受佛、道、儒思想的影响,中国古典园林中植物的寓意以及植物配置方法无不凝结着中国特有的民族文化。在此思想的影响下,中国传统园林通过植物景观的比兴、比德等手法,并以诗情画意写入园林,形成了园林植物景观中的意境、情境、画境。例如,私家园林通过栽植松树、荷花、竹子、枇杷、桂花等植物体现士人文化及隐逸思想。其次,园林植物景观是文化的体现。设计师要在充分了解植物资源、尊重当地文化及地域特色的基础上进行植物景观设计。各个地方因植物生态习性的不同以及各地气候条件的差异,使植物的分布呈现地域性,不同的地域环境形成不同的植物景观。如大王椰子、假槟榔营造热带风光;草坪、雪松、欧洲水青冈营造的是欧洲的"疏林草坪"风光;竹径通幽、梅影疏斜是我国江南传统风光。在植物配置中要坚持文化性原则,结合当今文化思想、生活方式、价值观念及科学发展动态等,使园林景观向着充满人文内涵的高品质方向发展,使不断演变的城市历史文脉在园林景观中得到延续和显现。

五、实用性原则

园林植物景观设计是园林项目建设中的重要部分,是为实现园林绿地的多种功能服务的,其必须在服从总体规划及园林绿地功能要求的前提下合理安排各个细节景观。如综合性公园因观赏、活动和安静休息等功能不同,而设置相应的色彩鲜艳的花坛或花境、大草坪、山水丛林或疏林草地等植物景观;行道树选择分支点高、易成活、生长快、适应性强、耐修剪、耐烟尘的树种。另外,园林植物的景观实用性还体现在植物的保健功能、社会功能与经济功能等方面。

六、经济性原则

为了合理利用植物与土地资源,节约成本,植物景观设计中要结合近期功能和远期目标,注重慢生树种与速生树种的合理搭配,进行动态设计,分步实施。

● **理论思考与实训操作**

1. 简述植物景观设计原则及其内容。
2. 请以一个场地的植物景观为例,从植物景观设计原则的角度对其设计的合理性进行分析。

第二节　园林植物景观形式

二维码3-2　园林
植物景观形式

一、规则式

规则式植物景观在西方园林中经常应用。西方最初的应用性园圃就是在规则式的种植床内栽植蔬菜和药草,里面种植的各种植物遵循严格的几何对称式布局。这种栽植方式不仅有利于栽种和除草等管理措施的实施,还便于引水灌溉。规则式园圃逐渐演化成西方园林风格的一个主要的特征。我国在现代城市绿化中也广泛使用规则式植物景观,但其实早在我国古代就有将一种花卉集中布置在规则式的花台中进行展示的应用。

　　规则式的植物种植或选择形状规整的植物,按照相等的株行距进行栽植,或多以图案为主题的模纹花坛或花境为主,并依从轴线进行布置。树木配植成行列式和对称式,并运用大量的绿篱、绿墙以区划和组织空间,树木整形修剪以模拟建筑体形和动物形态(见图3-3)。

图3-3　规则式植物景观(蔡清 摄于长沙烈士公园)

　　规则式种植的特点是强调人工美、理性整齐美、秩序美,给人庄重、严整、雄伟、开朗的视觉感受,同时也由于它过于严整,对人产生一种威慑力量,使人拘谨,给人一览无余之感;缺乏自然美,有时可能会显得单调,并且管理费工。法国的凡尔赛宫苑、意大利的埃斯特庄园与兰特庄园(见图3-4)、印度泰姬陵与莫卧儿花园等园林均采用规则式植物种植。

图3-4　兰特庄园(康晓强 绘制)

二、自然式

　　自然式的植物种植强调反映自然界植物群落的自然错落之美。花卉布置以花丛、花群为主,树木配植以孤植树、树丛、树群、树林为主,不用规则修剪的绿篱、绿墙和模纹花坛。以自然的树丛、树群、林带来区划和组织园林空间,树木不做模拟的整形,园林中摆放的盆景除外(见图3-5)。

图 3-5　自然式植物景观 1(蔡清 摄于哈尔滨太阳岛公园)

　　自然式种植的特点是以模仿自然界中的植物景观为目的,强调变化,多选外形美观、自然的植物品种,以不相等的株行距进行配置,没有明显的主轴线,其曲线无轨迹可循,追求自然,给人以放松、意境深邃惬意之感(见图3-6),但如果使用不当会显得杂乱。我国古典园林中的颐和园、北海、承德避暑山庄、扬州个园、网师园、拙政园,以及现代园林中的杭州花港观鱼公园、广州越秀山公园等都是自然式植物种植。

图 3-6　自然式植物景观 2(蔡清 摄于武汉黄鹤楼公园)

三、混合式

　　混合式植物配置是一种介于规则式和自然式之间的种植方式,即两者的混合使用。

　　混合式植物配置吸取了规则式和自然式的优点,既有整洁清新、色彩明快的整体效果,又有丰富多彩、变化无穷的自然景色;既有自然美,又有人工美。考虑采用哪一种形式,必须根据用地的环境和它在总体布置中的作用及地位来决定。

　　综上所述,无论是哪种形式的植物景观设计都有其优势和特点,同一空间使用不同的配置方式,会产生截然不同的效果(见图3-7)。任何一种配置方式没有对错和好坏之分,只有是否合适之分,即是否与景观风格、建筑特点、使用功能等相协调。

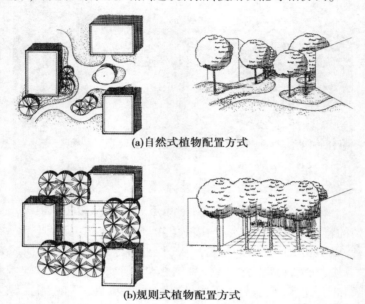

(a)自然式植物配置方式

(b)规则式植物配置方式

图3-7　同一空间的不同植物配置效果(引自《园林植物景观设计》金煜)

四、抽象式

　　抽象式也称自由式,是指充分利用自然形和几何形的植物进行构图,通过平面与立面的变化,将植物构图艺术化,形成具有特殊视觉效果的抽象图案,造成抽象的图形美与色彩美。这是第二次世界大战以后出现的一种新形式,其线条和形态自由、流畅,没有任何约束,材料和布局也非对称,似乎有意识地否定几何设计和轴线的概念。如明尼阿波利斯市联邦法院大楼前广场植物景观设计(见图3-8)。

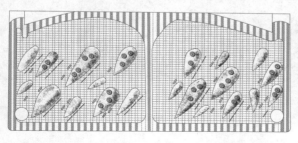

图3-8　明尼阿波利斯市联邦法院大楼前广场植物景观设计(姜晗阳 绘制)

● **理论思考、实训操作及价值感悟**

1. 简述园林植物景观形式的类型及特征。

2. 请分析不同园林植物景观形式与园林类型之间的关系。

3. 请从历史发展的角度,分析不同园林植物景观形式形成的原因。

4. 请分析不同园林植物景观形式的美学特点,能够从艺术多元化的角度欣赏园林植物景观之美。

第三节 园林树木景观设计

一、孤植

孤植是树木单株栽植或二三株同一树种的树木紧密地栽植在一起而具有单株栽植效果的种植类型。

二维码 3-3 园林树木配置之孤植、对植、列植、群植与林植

(一)设计环境

孤植既可用于规则式园林中,也可用于自然式园林中,常作为园林局部空间的主要构图而设置,以表现自然生长的个体树木的形态美,或兼有色彩美,在功能上以观赏为主,具有吸引游人视线、作为视线焦点、画龙点睛的作用,同时也具有良好的遮阴效果(见图3-9)。孤植可布置在空地、草坪、山冈上,也可配置在花坛、休息广场、道路交叉口、建筑的前庭位置。孤植树下可设置石块、座椅,但不能配置灌木。

图 3-9 孤植树(蔡清 摄于重庆鹅岭公园)

(二)树种选择

孤植树木往往选择植株体形高大、姿态优美、枝叶茂密、树冠开阔、没有分蘖或具有特殊观赏价值的树木;生长健壮,寿命长,能经受住较大自然灾害、病虫害少的树种;抗性强,喜阳,不含毒素,不易落污染性花果的树种。不同地区可供选择的孤植树种有所不同。例如:华北地区可供选择的树种有油松、白皮松、桧柏、白桦、银杏、蒙椴、樱花、西府海棠、柿、朴树、皂荚、桑、槲树、美国白蜡、槐、花曲柳、白榆等。华中地区可供选择的树种有雪松、金钱松、马尾松、枫杨、七叶树、鹅掌楸、银杏、悬铃木、喜树、枫香、广玉兰、香樟、紫楠、合欢、乌桕等。华南地区可供选择的树种有大叶榕、小叶榕、凤凰木、木棉、广玉兰、白兰、芒果、观光木、印度橡皮树、菩提树、南阳楹、大花紫薇、橄榄树、荔枝、铁冬青、柠檬桉等。东北地区可供选择的树种有云杉、冷杉、杜松、水曲柳、落叶松、油松、华山松、水杉、白皮松、白蜡、京桃、秋子梨、山杏、五角枫、元宝槭、银杏、栾树、刺槐等。

(三)应用要点

(1)在自然式景观中,孤植树宜偏于场地的一侧,力求自然活泼,以形成富于动感的景观效果。

(2)在规则式园林中,孤植树位于轴线端点或场地构图中心点,作为视线焦点景观而存在。

(3)注意孤植树的形体、高矮、姿态、方向等都要与空间环境相协调,必须留有适当的观赏视距(见图3-10),并以蓝天、水面、草地等单一的色彩为背景加以衬托。

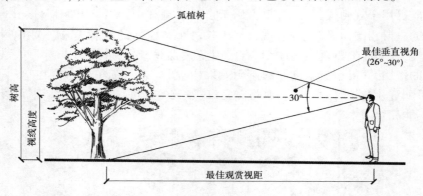

图3-10 孤植树最佳观赏视距(蔡清 绘制)

二、对植

对植一般是指用两株或两丛乔灌木按照一定的轴线关系做相互均衡配置的种植类型。对植主要作配景或夹景,以烘托主景,或增强景观透视的前后层次和纵深感。对植分为对称式配置和非对称式配置两种形式。

(一)对称式配置

对称式配置多应用在规则式种植构图中,利用同一树种、同一规格的树木依主体景物的中轴线做对称布置,两树的连线与轴线垂直并被轴线等分(见图3-11)。对称式配置一般选用树形整齐、花叶娇美、轮廓严整、耐修剪的树种,其品种、体形大小及株距都应一致的乔木或灌木,如雪松、南洋杉、云杉、苏铁、紫玉兰、柳树等。对称式配置在艺术构图上应用,有端庄、工整的构图美。对称式配置的位置既要不妨碍交通和其他活动,又要保证树木有足够的生长空间。一般乔木距建筑墙面至少有5 m的距离,灌木则可视情况酌减。

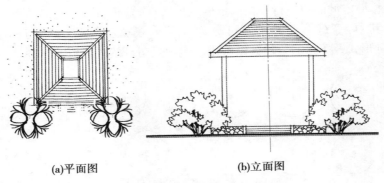

(a)平面图　　　　　　　　**(b)立面图**

图 3-11　对称式配置(张献丰 绘制)

(二) 非对称式配置

非对称式配置即在轴线两边所栽植的植物。其树种、体形、大小完全不一样,但在重量感上却保持均衡状态,形成一种动态的平衡,给人以自由活泼之感,能较好地与自然空间环境取得协调,常设在桥头、道口、山体蹬道石阶两旁。非对称种植利用同一树种,但体形大小和姿态可以有所差异,与中轴线的垂直距离大者要近、小者要远,才能取得左右均衡,彼此之间要有呼应,才能求得动势集中(见图 3-12)。非对称种植也可以采用株数不相同、树种不相同的配置方式,如左侧是一株大树,右侧为同一树种的两株小树。或两边是相似而不相同的树种或两组树丛,双方既有分隔又有呼应。两个树群的对植,可以构成夹景。

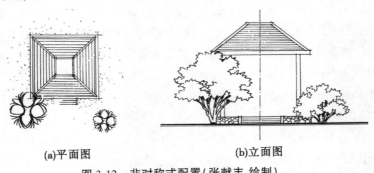

(a)平面图　　　　　　　　**(b)立面图**

图 3-12　非对称式配置(张献丰 绘制)

三、列植

(一) 列植特点

列植也称树列,是指用同一树种或不同树种沿一定方向(直线或曲线)等距栽植的种植类型。行道树是最常见的列植形式之一。列植具有强烈的统一感和方向性,给人以整齐壮观的艺术感受,有深远感和节奏感,景观形式简洁流畅,遮阴效果好。列植具有施工管理方便的优点,但同时有难以补栽整齐的缺点。列植多用于道路、广场、建筑、绿地边界、河边等地。

(二) 设计形式

依照种植形式,列植可分为单行式、双行式和多行式。依照树种类型,列植可分为单纯树列与混合树列。单纯树列即选择一个树种列植,混合树列即采用两个树种或两种以上的树种依据一定的韵律进行种植。依据栽植距离,列植可分为等距等行列植与等距非等行列植。其中,等行等距栽植又可分为井字形栽植(见图3-13)与品字形栽植(见图3-14)两种形式。等距非等行列植常用于规则式向自然式栽植的过渡。

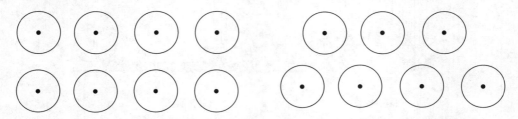

图3-13　井字形栽植(蔡清 绘制)　　　　　图3-14　品字形栽植(蔡清 绘制)

(三)树种选择

列植树木宜选择树冠整齐、个体生长发育相似、耐修剪的树种。乔木、灌木均可作为列植的树种。列植的株行距取决于树种特性、环境功能、造景要求及树冠大小。一般乔木之间的距离为3~8 m,有时为了取得近期的景观效果,常用3~5 m,待其长大以后,隔株去除,成为6~10 m的株距。灌木之间的距离一般为1~5 m。

四、丛植(2~9株)

丛植是指由数株到十数株乔木或灌木组合而成的种植类型。丛植的树木称树丛,树丛是种植构图上的主景,布局配置自由灵活、形式多样、丰富多彩,多用于自然式园林中,一般宜布置在大草地上、树林边缘、林中空地、宽广水面的水滨、水中的主要岛屿、道路转弯处、道路交叉口以及山丘、山坡上等有合宜视距的开阔场地上。树丛不仅作为种植构图上的主景,还具有遮阴、诱导游人、作为配景等作用。

二维码3-4　园林树木配置之丛植

(一)二株树丛

二株树丛的配置在构图上须符合统一变化的法则。统一,即采用同一树种(或外形十分相似)。变化,即在姿态和大小上应有差异。二树之间的关系必一大一小,一俯一仰,一敧一直,一向左一向右,侧两面俱宜向外,然中间小枝联络,亦不得相背无情也(见图3-15)。二株树丛的栽植距离应该小于两树冠半径之和,方能成为一个整体(见图3-16)。

图3-15　二株树丛树木之间关系(康晓强 绘制)

(a)平面图

(b)立面图

图3-16　二株树丛的平立面构图(张献丰 绘制)

(二)三株树丛

三株树丛配合最好采用姿态大小有差异的同一种树,如果是两个不同的树种,最好同为常绿树,或同为落叶树,或同为乔木,或同为灌木,忌用三个不同树种。三株配植,树木的大小、姿态要有对比和差异。三株树丛在构图上采用不等边三角形,其中最大的和最小的树种要靠近一些成为一组,中间大小的树种远离一些成为一组,这样两组之间具有动势呼应。若采用两个不同树种,其中体量大的树和体量中等的树为同一品种的树,体量小的树为另一品种的树,植物配置设计时小的单独树种与大的树种位于一组,中等的树种为另一组,这样就可以使两个小组既变化又统一(见图3-17)。在进行树丛配置时,不仅要注重树丛的平面构图,同时要注重树丛的立面设计,特别要注重同一树丛的多面观赏性的设计(见图3-18)。

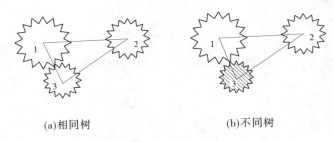

(a)相同树　　　　　　　　　　　　　(b)不同树

图3-17　三株树丛的组合配置形式(蔡清 绘制)

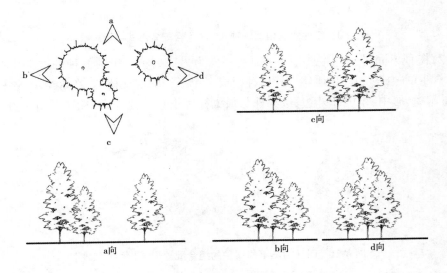

图3-18　树丛的四面观赏性(蔡清 绘制)

三株树的搭配可以被认为是自然式栽植的基本方式。中国画家画三株树,多拟人化:"三株一丛,第一株为主树,第二、第三株为客树",或称之为"主、次、配"的构图关系。"三株一丛,则二株宜近,一株宜远,以示别也。近者曲而俯,远者宜直而仰。三株一丛,二株枝相似,另一株枝宜变,二株直上,则一株宜横出,或下垂似柔非柔……。"

(三) 四株树丛

四株树丛可以采用同一树种,或两种不同的树种,但不宜乔木、灌木混合种植。树种上完全可以相同时,在体形、姿态、大小、距离、高矮上宜有所不同。在构图上,四株树丛可有 3∶1 和 2∶1∶1 的组合形式。

(1)树种相同时,分为 2∶1∶1 和 3∶1 两种组合形式(见图 3-19、图 3-20)。忌 2∶2 的组合以及三株在一条直线上。

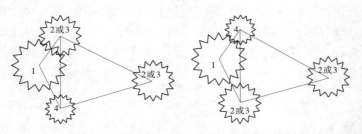

图 3-19　四株树丛相同树种 2∶1∶1 的组合配置形式(蔡清 绘制)

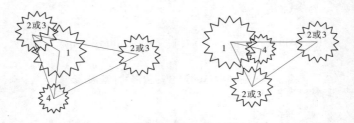

图 3-20　四株树丛相同树种 3∶1 的组合配置形式(蔡清 绘制)

(2)树种不同时,其中三株为一树种,一株为另一树种。单独树种的这株树不能是最大株,不能单独成一组,必须与另外树种组成一个三株的混交树丛,在这组中,该株应与另一株树靠拢、居中,不能靠外边,最小株与最大株都不宜单独成为一组(见图 3-21)。

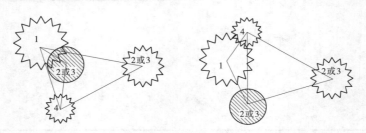

图 3-21　四株树丛不同树种的组合配置形式(蔡清 绘制)

(四) 五株树丛

五株配合可以是一个树种或两个树种,分成 3∶2 或 4∶1 两组(见图 3-22、图 3-23)。可以同为乔木,同为灌木,同为常绿,同为落叶树,每棵树的体形、姿态、动势、大小、栽植距离都要不同,在 3∶2 组合中,主体必须在三株一组中,其中三株小组的组合原则与三株树丛配合相同,二株小组的组合原则与二株树丛配合相同,二小组必须各有动势,且两组的动势要取得均衡。

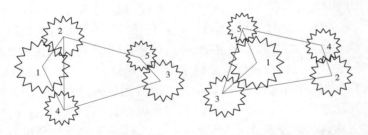

图 3-22　五株树丛相同树种 3:2的组合配置形式(蔡清 绘制)

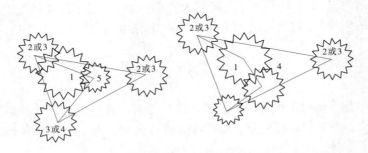

图 3-23　五株树丛相同树种 4:1的组合配置形式(蔡清 绘制)

当五株树丛由两个不同树种组合时,通常三株为一树种,另外两株为另一树种,在3:2或 4:1组合中,都应该把两种树按主、次、配的构图关系进行配置(见图3-24、图3-25)。

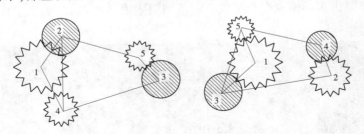

图 3-24　五株树丛不同树种 3:2的组合配置形式(蔡清 绘制)

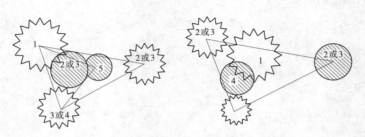

图 3-25　五株树丛不同树种 4:1的组合配置形式(蔡清 绘制)

(五) 六株以上的树丛配植

六株树丛,可以分为2:4两个单元;如果由乔灌木配合,可分为3:3两个单元,但如果同为乔木,或同为灌木,则不宜采用3:3的分组方式。2:4分组时,其中四株又可以分为3:1两个小单元,其关系为2:4(3:1)。六株树丛,树种最好不要超过3种以上。

丛植设计,株树越多,组合布局越复杂。但只要充分考虑环境条件和造景构图要求以及树木形态特征与生态习性,终可以营造出优美的树丛景观。需要强调的是,随着株数的增多,树种也可以增加,但10~15株的树丛,外形差异大的树种不能超过5种。

综上所述,树丛景观设计可以归纳出以下四点规律:一是树木分组时,树木株数采用不对称分组,如七株树丛的理想分组为5:2和4:3,八株树丛的理想分组为5:3和2:6,九株树丛的理想分组为3:6及5:4和2:7;二是树种大小配合中,最大的树种与最小的树种始终在一个分组内,远离的树种为中等尺度大小的树种;三是不同树种配合时,单独的树种不能为最大的树种,且必须与最大的树种为一个分组;四是遵循不等边三角形的配置原则。

五、群植

群植是指由几十株树木组合种植的树木群体景观。群植的树木为树群,树群主要表现树木的群体美,可作主景或背景,如果两组树群分列两侧,还可以起到透景、框景的作用。

(一)设计形式

树群可分为单纯树群和混交树群两类。单纯树群只有一种树木,树木种群景观特征明显,景观规模大于树丛,一般郁闭度较高,可以应用宿根花卉作为地被植物(见图3-26)。混交树群是由多种树木混合组成一定范围树木群落的景观,具有层次丰富、景观多姿多彩、持久稳定等优点(见图3-27)。

图3-26　单纯树群(蔡清 摄于黑龙江省森林植物园)

图 3-27　混交树群（蔡清 摄于岳阳天岳广场）

（二）群植结构

混交树群具有多层结构，根据植物高低，可分为乔木层、亚乔木层、大灌木层、小灌木层。在实际设计中，根据环境条件、景观需求等灵活选择混交树群的结构层次进行合理搭配，如需设计三层结构的混交树群，可以采用乔木层+大灌木层+小灌木层的设计，也可以采用亚乔木层+大灌木层+小灌木层的设计，当然也可以有其他层次的组合，但要注意层次的搭配要彼此协调。

（三）树种选择

群植强调树群的整体美，并不把每株树木的全部个体美表现出来，所以树群挑选树种不像树丛挑选树种那么严格。群植树种的选择可以从观赏需求与生态习性两方面进行考虑。从观赏需求的角度，一般乔木层树种要求树冠姿态丰富，使林冠线富于变化；亚乔木层树种要求树种应开花繁茂或叶色美丽；灌木层树种要求应以花木为主，适当点缀常绿灌木；多年生草本层可为多年生野生花卉。在树种选择时，要考虑树群的季相变化，使树群景观具有鲜明的季相景观。从生态习性的角度，在树群外缘的植物受环境影响较大，在树群内部的植物相互间影响较大。一般乔木层多选择阳性树种，亚乔木层多选择略耐阴的阳性树种或中性树种，灌木层多为半阴性或阴性树种。在寒冷地区，喜阳树种应布置在树群的南侧或东南侧。

（四）树群组合的要点

（1）树群高度由里向外降低，彼此不被遮挡，要有宽窄、断续、高低起伏的自然变化，不能像金字塔整齐对称。树群外缘要结合树丛、孤植树等，增加空间层次变化。

（2）常绿树多居中作背景，落叶树、花叶华丽的树木在外缘，便于观赏。其平面要有长短轴之分，不能成圆形。地形由中心向四周形成缓坡，既便于排水，又突出竖向上高度的差异。

（3）树群栽植距离仍以树丛的疏密原则为准，只是树木株数多了，更要突出疏密的变化。

（4）树群若为主景，应该布置在有足够距离的开阔场地上，在树群主要立面的前方至少在树群高度的 4 倍、树群宽度的 1.5 倍距离以上，要留出空地，以供游人欣赏。

（5）树群规模不宜太大，一般以外缘投影轮廓线长度不超过 60 m，长宽比不大于 3∶1 为宜。

六、林植

林植是指成片、成块种植的大面积树木景观，即树林。林植不仅数量多、面积大，而且具有一定的密度和群落外貌，对周围环境有着明显的影响，多用于大面积公园的安静区、风景游览区、疗养区、城市防护绿地等。林植可分为密林与疏林两种形式。

（一）密林

密林是指郁闭度较高的树林景观，一般郁闭度为 0.7~1.0，林下光线少，土壤湿度大，地被植物含水率高，经不起践踏，不便游人活动（见图 3-28）。密林又有单纯密林和混交密林之分。

图 3-28　密林（蔡清 摄于北京紫竹院）

1. 单纯密林

单纯密林由一种树木构成，只有水平郁闭景观，没有垂直郁闭景观。因此，单纯密林具有简洁、壮观的特点，但层次单一，缺乏季相景观变化。为了弥补这一缺陷，可以通过增加株行距疏密变化丰富景观效果；依地形起伏达到林冠线的起伏变化；通过林缘线曲折、断续的变化，外缘配植同树种的孤植、丛植来达到虚实变化；控制林内的郁闭度最好在 0.7~0.8，以利于林下植被生长，丰富竖向上的景观；通过选用有观赏特征的生长健壮的地方树种，克服其季相变化的单调，如马尾松、油松、白皮松、水杉、枫香、桂花、黑松、梅花、毛竹、侧柏、毛白杨、黄栌等。

2. 混交密林

混交密林是水平方向与垂直方向都能达到郁闭的植物群落，是一个具有多层结构的植物群落，大乔木、亚乔木、大灌木、小灌木、高草、低草等，它们各自根据自己的生态要求，形成不同的层次,其季相变化丰富。从生物学的特点来看,混交密林与单纯密林相比有较好的生态性。因此,园中可多采用混交密林。混交密林设计应注意以下几点:

（1）混交密林应以模仿自然群落为主,人工组合为辅。

（2）大面积的混交密林不同树种多采用片状或块状、带状混交布置,面积较小时采用小片状或点状混交设计,以及常绿树与落叶树相混交。

（3）供人欣赏的林缘部分,其竖向构图应突出,应有实有虚,有远有近,以便将人的视线引入林层内,让人感到林中有幽邃深远之美;为了使游人深入林地,林中可设自然式园路,园路两侧的树木,水平郁闭度大些可遮阴,垂直郁闭度小些使游人在闭合空间中有较大的视距,必要时还可以留出空旷的草地,或利用林间溪流水体、种植水生花卉等方式降低垂直郁闭度。注意水平方向和垂直方向都应有开有合、有收有放,使林中空间层层叠叠,变化无穷。

（4）作为观赏性较强的树林,需设计 3 倍于林高的观赏视野。在主要道路以及小溪旁可设置以花灌木为主要观赏内容的自然式林带,形成优美的林间花径,具有较好的环境美化效果。

（5）植物种植时注意常绿与落叶、乔木与灌木的配合比例,还要注意植物对生态因子的要求等。

密林平面布局与树群基本相似,只是面积和树木数量较大。单纯密林无需做出所有树木单株定点设计,只需做出小面积的树林大样设计。在树林大样图上绘出每株树木的定植点,注明树种编号、株距,编写植物名录和设计说明。树林大样图比例一般为 1:100～1:250,设计总平面图比例一般为 1:500～1:1 000,并在总平面图上绘出树林边缘线、道路、设施及详图编号等。

（二）疏林

疏林的郁闭度为 0.4～0.6。疏林多为单纯乔木林,也可配植一些花灌木,具有舒适明朗、适合游憩活动的特点。疏林可根据景观功能和游人活动使用情况不同设计成三种形式,即疏林草地、疏林花地和疏林广场。

1. 疏林草地

疏林草地是疏林与草坪相结合的园林景观,也是园林绿地中运用最多的疏林设计形式（见图3-29）。疏林中树木间距一般为 10～20 m,以不小于成年树树冠直径为准,林间需留出较多的空地,形成草坪或草地。疏林草地又分为供游息活动、观赏、庇荫的疏林草地与以观赏或生产为主的疏林草地两类。供游息活动、观赏、庇阴的疏林草地可满足游人在林中的草地上野餐、游戏、欣赏音乐、练武、日光浴等。这一类疏林的树种,以生长健壮,以伞形开展的树冠、树荫疏朗的落叶乔木为主。在观赏特点上,花和叶的色彩要美,枝叶的外形要富于变化,树形优美,具有芳香的气味则更佳。不宜使用有毒、有飞絮、有碍卫生和游人休息的树种。这类草地的草种选择要求具有耐踩踏、耐旱、绿叶期长等特性,如马尼拉、野牛草、假俭草等。以观赏或生产为主的疏林草地专供游人观赏,不准进入林内。树种选用观赏性较高的乔灌木,林下的空旷草地上主要为花坪、花地。林下和空旷草地上可以铺设自然式的园路。园路占疏林草地的 10%～15%,沿路可设坐椅。这类草地疏林不以庇荫为主,树种可丰富些。

2. 疏林花地

疏林花地是疏林与花卉布置相结合的植物景观。通常在林下布置多年生宿根、球根花卉,成片种植,创造连片的花卉群落景观,一般不允许人员进入活动。花卉成长需要良好的采光,因此疏林花地设计时树木间距要大,以保障林下有较好的采光条件,或以选用窄冠树种为主,如水杉、落羽杉、池杉、龙柏、金钱松、棕榈等以利林下花卉生长。林下花地可以是一种花卉布置成的单纯花地,也可以由几种花卉混合搭配布置。多种花卉搭配布置时,一般将较耐阴的花卉布置于林荫下,不甚耐阴的花卉则布置于光照较好的林间空地或林缘。疏林花地可以在林间设置游步道,在必要处可设置椅、凳等休息设施。树林下也可配植一些喜阴的花灌木,如山茶、杜鹃、八角金盘等(见图 3-30)。

图 3-29　疏林草地(蔡清 摄于长沙橘子洲风景区)

图 3-30　疏林花地(蔡清 摄于郑州植物园)

3. 疏林广场

疏林广场是疏林与活动场地相结合的设计形式,多设置于人员活动和休息使用较频繁的园林环境(见图 3-31)。树木选择多同疏林草地,只是林下做硬地铺装,树木可种植于地面上或树池中(见图 3-32)。树种选择时还要考虑具有较高的分枝点,以便人员活动,并能适应因铺地造成的不良通气条件。

图 3-31 疏林广场(蔡清 摄于北京天坛公园)

图 3-32 疏林广场树木种植(蔡清 摄于岳阳楼风景区)

七、篱植

篱植是指由灌木或小乔木以相同的株距、行距,单行或双行种植形成紧密绿带的配置方式。篱植所形成的种植类型为绿篱,又称植篱。

码 3-5 园林
植物配置之篱植

(一) 绿篱的造景作用

绿篱是园林绿化中非常重要的种植形式,在植物造景中起着重要的作用。绿篱具有围护防范作用,多采用高绿篱、刺篱作为园林的界墙,不让人们任意通行,起围护防范作用;具有组织空间作用,用于功能分区、屏障视线,起组织和分隔空间的作用;具有组织游览作用,多采用中、高绿篱;具有背景作用,作为花境、喷泉、雕塑的背景,丰富景观层次,突出主景,多采用绿篱、绿墙;具有障丑显美作用,作为绿化屏障,掩蔽不雅观之处;具有建筑物基础栽植作用,修饰下脚等,多采用中、高绿篱(见图3-33);具有装饰作用,作为花境的"镶边"、花坛和观赏性草坪的图案花纹,起构图装饰作用,多采用矮绿篱;具有观赏作用,绿篱可以通过塑造成各种形状,成为园林景观的观赏对象(见图3-34)。

图 3-33　基础栽植作用(蔡清 摄于晋中麻田八路军总部纪念馆)

图 3-34　绿篱的观赏作用(蔡清 摄于韩城司马迁祠)

(二)绿篱的类型

1.根据绿篱高度分

(1)绿墙:高度一般在人视高 160 cm 以上,可阻挡人们的视线,作为背景具有良好的效果,亦可作为自然式与规则式绿地空间的过渡处理,使风格不同、对比强烈的布局形式得到调和(见图 3-35)。绿墙多选用大灌木或小乔木,如珊瑚树、龙柏、海桐、石楠、大叶女贞、罗汉松、云杉等。绿墙的株距可采用 100～150 cm,行距 150～200 cm。

图 3-35　绿墙(蔡清 摄于重庆动物园)

(2)高篱:高度在 120～160 cm,人的视线可通过但不能跨越。主要用以分隔空间、空间防范、组织游览路线、防噪声、防尘等。高篱常用树种有珊瑚树、构树、小叶女贞、龙柏、紫穗槐等。高篱设计宽度一般为 60～120 cm,种植 1～2 列树木,双列交叉种植。株距 50 cm 左右,行距 40～60 cm。

(3)中篱:高度在 50～120 cm,是最常用的绿篱类型。中篱具有一定高度,不能轻易跨越,所以具有一定空间分隔的作用,可用来进行绿地边界的划分、围护、绿地空间分隔、遮挡不高的挡土墙面以及围合植物迷宫等(见图 3-36)。中篱常用树种有龙柏、刺柏、小叶黄杨、小叶女贞、七里香、火棘、海桐、瓜子黄杨等。中篱设计宽度一般为 40～100 cm,种植 1～2 列篱体植物,篱体较宽时采用双列交叉种植,株距 30～50 cm,行距 30～40 cm。

(4)矮篱:高度在 50 cm 以下,人可轻易跨越。因此,一般作为象征性绿地空间分隔和环境绿化装饰(见图 3-37)。设计矮篱一般选择株体矮小或枝叶细小、生长缓慢、耐修剪的常绿树种。常见的树种有瓜子黄杨、雀舌黄杨、大叶黄杨、铺地柏等。

2.根据功能要求和观赏特性来分

(1)常绿篱:由常绿树组成,是园林中最常用的绿篱。常绿篱一般整齐素雅、造型简单,是园林绿地中运用最多的篱植形式。常用树种有侧柏、大叶黄杨、海桐、女贞、冬青、月桂、珊瑚树、雀舌黄杨等。

(2)落叶篱:由落叶树组成,一般不用落叶树作绿篱,但在常绿树不多或生长过慢的地区,亦可采用落叶篱形式。常见树种有雪柳、水蜡树、胡颓子等。

图 3-36　中篱(蔡清 摄于哈尔滨尚志公园)

图 3-37　矮篱(蔡清 摄于韩城司马迁祠)

（3）彩叶篱：由红叶或斑叶等色叶观赏树种组成。常用树种有紫叶小檗、金边珊瑚、各种斑的大叶黄杨、金边女贞、洒金桃叶珊瑚等。

（4）花篱：由观花树种组成。花篱除具有一般绿篱功能外，还具有较高的观赏价值，或芳香气味。常用树种有栀子花、茉莉、六月雪、凌霄、迎春、米兰、珍珠梅、锦带花、棣棠、金钟花、杜鹃、贴梗海棠等。花篱不做修剪或少做规则式修剪，以保证花的观赏效果。

（5）果篱：由具有较高观果观赏价值的树种组成。常用树种有紫株、枸骨、南天竹、火棘、金银花、山楂、山茱萸、荚蒾等。果篱不做修剪或少做规则式修剪，以保证果的观赏效果。

（6）刺篱：由带刺的树种组成。在园林中不仅有较好的观赏效果，同时能起到较好的防范作用，但在应用时要注意应用场所与接触的人群，如在儿童活动较多的地方则不宜设计刺篱。常用树种有枸骨、酸枣、玫瑰、蔷薇、刺柏、黄刺玫、花椒、火棘、小檗、枸橘、马甲子、山皂荚、胡颓子等。

（7）蔓篱：利用藤本植物的攀缘性，通过设计一定形式的篱架使藤本植物攀缘其上形成的篱景（见图 3-38）。蔓篱在观赏的同时，可用来防范和划分空间。常用植物有绿萝、常春藤、蔷薇、云实、凌霄、金银花、茑萝、南蛇藤、爬山虎、牵牛花、苦瓜、丝瓜等。

（8）编篱：将绿篱植物枝条编织成网格状的植篱，可有效增加植篱的牢固性和边界防范效果，避免人或动物穿越。常用植物有木槿、紫穗槐、紫薇、杞柳等枝条柔软的树种。

图 3-38　蔓篱（蔡清 摄于重庆园博园）

（三）绿篱的种植设计

（1）绿篱可以应用在道路、公园、风景区、工厂、居住区、广场等地。

（2）绿篱的种植形式灵活，可以采用规则式修剪型，也可以采用不规则式修剪型；可以是单层种植，也可以是多层种植；可以成带状种植，也可以是点状、块状种植（见图 3-39）。

（3）绿篱的种植长度可以根据人的视觉效应来决定，人对事物凝视 30~50 s 可以产生深刻的印象，而对于缺乏变化的景观延续 5~6 min，则会使人产生漫长感，按一般人每分钟行进 40~80 m，相同植物采用相同的种植方式，其长度应控制在 30~50 m 为最好，太长则容易产生厌烦情绪，太短则不会在大脑中留下太多印象，但这个长度不是绝对的，与植物本身的醒目程度有关。一般来说，越是醒目的植物，其种植长度可以相对短些，因其鲜艳的色彩本身可以加深印象（见图 3-40）。

（4）绿篱设计的密度和高度根据功能来确定，同时也与植物种类有关。对于体量中小型且分枝向上生长的植物，设计时可适当提高种植密度。对于体量中高型且分枝开展的植物，设计时要留有生长空间，以免后期生长拥挤造成生长不良，并且设计高度不宜低于膝盖，否则会增加后期管理难度。

图 3-39　绿篱种植形式 (蔡清 摄于长沙橘子洲风景区)

图 3-40　绿篱种植长度 (蔡清 摄于哈尔滨太阳岛公园)

● 理论思考与实训操作

1. 简述园林树木配置形式与园林布局形式的关系。

2. 请说出园林树木丛植设计要点。

3. 请选取一处园林绿地,对其植物景观设计进行分析评价。

第四节　草花花卉景观设计

一、花卉种植设计的作用与应用形式

花卉种植设计是植物造景的重要组成部分,它可以构成景物,表现充满活力的自然美;

或配合景物,衬托主景(见图3-41);或组织空间,突出季相变化;或控制视线,引导游览,营造出多种景观的效果(见图3-42);或起到绿化、净化、美化、香化人们工作和生活环境的作用。花卉主要应用于小尺度的花园、屋顶花园及各种展览性的景观、公园绿地、街道绿地等各种类型空间中,应用形式有花丛、花坛、花境、花台、花钵、花箱及其他装饰花卉景观等。

图3-41　花卉的衬托作用(蔡清 摄于重庆园博园)

图3-42　花卉的引导作用(蔡清 摄于郑州绿化博览会)

二、花坛设计

花坛是园林花卉应用设计的一种重要形式,是指在具有一定几何形轮廓植床内,种植各种不同色彩的观赏植物,以构成华丽色彩或精美图案的一种花卉种植类型。它有两种形式:一种是用种花的种植床,它不同于苗圃的种植床,具有一定的几何形状。最初的种植床多

二维码3-6　花坛功能及分类

是长方形或者方形。中世纪以后,欧洲率先出现了流线型的花坛。另一种是用盆栽或器皿等可搬移的花卉组合成的花坛,这种花坛的优点是成形快、变化多,还可经常变化抽象图案造型。花坛主要是通过突出的鲜艳的色彩和精美华丽的图案来表现植物的群体美,来体现其装饰效果。在园林造景中,花坛常作为主景或配景。因花坛植物的高更换性,花坛有时被认为是费时、费力、高投入的景观形式。

(一)花坛功能

花坛具有美化环境、标志与宣传、分隔与屏障、组织交通等多种功能。花坛以其绚丽的色彩、精美的图案给人以视觉享受,尤其能够烘托渲染节日的欢乐气氛(见图3-43),弥补园林中季节性景色欠佳的缺憾,丰富城市空间的色彩。花坛通过与构筑物、标志和徽章等的结合,利用花卉的色彩差别,组成文字、平面或立体标志形象等,成为景观标志,起到宣传各类文化的作用。花坛能够作为划分和装饰地面、分隔空间的手段,并起到生物屏障的作用。花坛通过应用于交通岛、分车带等,起到组织和区分路面交通的功能,提高驾驶员的注意力,增加人行、车行的美感与安全感(见图3-44)。

图3-43　国庆花坛(蔡清 摄于武汉市)

(二)花坛分类

花坛类型丰富多样,适用于各种绿化场合。根据表现主体不同,有花丛花坛、模纹花坛、草坪花坛、带状花坛、立体花坛、混合花坛、造景式花坛、浮水花坛之分。依据规划方式不同有独立花坛、花坛群之分。

(1)花丛花坛又称盛花花坛,主要表现和欣赏观花草本植物在花朵盛开时群体的绚丽色彩,以及不同花卉品种组合搭配所表现出的华丽的图案纹样等,主要作为主景。花丛花坛多选择开花繁茂、色彩鲜艳、花期一致的一二年生或球根花卉,含苞欲放时带土或倒盆栽植。

(2)模纹花坛又称图案式花坛,常采用不同色彩的观叶植物或花叶兼美的观赏植物,配置成各种精美的图案纹样,以突出表现花坛植物群体的图案美,植物本身的个体美和群体美都居于次要地位。模纹花坛根据内部的纹样选用植物材料和景观外貌的不同,又进

图 3-44　交通岛花坛(蔡清 摄于襄阳市)

一步细分为毛毡花坛、彩结花坛、浮雕花坛。毛毡花坛主要用低矮观花、观叶植物组成精美复杂的装饰图案,花坛表面修建平整呈细致的平面或和缓曲面,整个花坛宛如一块华丽的地毯,故为毛毡花坛(见图 3-45)。彩结花坛主要用锦熟黄杨和多年生花卉,按一定图案纹样种植起来,图案线条粗细相等,模拟绸带编成彩结的专门的一类花坛形式。浮雕花坛是在毛毡花坛的基础上,通过修剪或配置高度不同的植物材料形成的表面纹样有凹凸浮雕感的一类花坛(见图 3-46)。模纹花坛又根据表现主题思想的不同分为装饰性模纹花坛和标题式模纹花坛。标题式模纹花坛如文字花坛、肖像花坛、图徽花坛、日历花坛、时钟花坛等,这类花坛通常设置在角度适宜的斜面或者立面,以便更好地传达信息和观赏。

图 3-45　毛毡花坛(蔡清 摄于哈尔滨市黄河路)

图 3-46　浮雕花坛(蔡清 摄于重庆动物园)

　　(3)草坪花坛:用草和花卉配置布置形成的花坛,一般来说是以草皮为主,花卉仅作点缀,如镶在草皮边缘或布置在草皮的中心或一角。这种花坛投资少,管理方便,目前应用较广(见图 3-47)。

图 3-47　草坪花坛(蔡清 摄于襄阳习家池)

　　(4)带状花坛:是指长度为宽度 3 倍以上的长形花坛。当花坛的宽度即短轴超过1 m,且长短轴的比例超过 3~4 倍时称为带状花坛(见图 3-48),或花带。短轴宽度不超过1 m,长轴与短轴之比至少在 4 倍以上的狭长带状花坛称为花缘。带状花坛在连续的园林景观构图中,常作为主体来布置,也可作为观赏花坛的镶边,道路两侧、建筑物墙基的装饰等,但一般都不会作为园林中的主景。

　　(5)立体花坛:随着现代生活环境的改变及人们审美要求的提高,景观设计及观赏要求逐渐向多层次、主题化方向发展,花坛除在平面上表现其色彩、图案美外,还在其立面造

图 3-48　带状花坛(蔡清 摄于黑龙江省森林植物园)

型、空间组合上有所变化,即采用立体组合形式,从而拓宽了花坛观赏角度和范围,丰富了园林景观,传递丰富的形象信息,表现鲜明的设计主题。立体花坛又名植物马赛克,是以竹木结构或钢筋为骨架的各种泥制造型,在其表面种植枝叶细密的植物材料(如五色苋)而成的一种立体装饰物。立体花坛造型可以是动物、植物、建筑或是人物形象,也可以是抽象的几何形体、符号等(见图 3-49)。

图 3-49　立体花坛(蔡清 摄于哈尔滨太阳岛公园)

(6)混合花坛:不同花坛类型之间,花坛与花境,花坛与水景、雕塑等其他造园要素等相互组合形成混合花坛(见图 3-50)。随着花坛的发展,混合花坛正逐渐成为当今最常见的花坛形式。

(7)造景式花坛:借鉴园林营造山水、建筑等景观的手法,将花丛花坛、模纹花坛、立

图 3-50　混合花坛(蔡清 摄于郑州绿化博览会)

体花坛及花丛、花境、立体绿化等相结合,布置出模拟自然山水或人文景点的大型综合花卉景观。造景式花坛通常体量较大,多用于节日庆典或是各类园林花卉展览等大型的活动场合(见图 3-51)。

图 3-51　造景式花坛(蔡清 摄于北京园艺博览会)

(8)浮水花坛(见图 3-52):是指采用水生花卉或可进行水培的宿根花卉设计布置于水面之上的花坛景观,也称水上花坛。浮水花坛设计选择水生花卉(多为浮水植物)时不用种植载体,直接用围边材料(如竹木、泡沫塑料等轻质浮水材料)将水生花卉围成一定形状;选择可水培宿根花卉时则除花坛围边材料外,还需使用浮水种植载体,将花卉植物固定直立生长于水面之上。整个花坛可通过水下立桩或绳索固定于水体某处,也可在水面上自由漂浮,别具一番特色。浮水花坛使用的植物有凤眼莲、水浮莲、美人蕉及一些禾本科草类等。

图 3-52　浮水花坛(蔡清 摄于太原晋祠)

（9）独立花坛：常作为园林局部构图的一个主体而独立存在，具有一定的几何形轮廓。其平面外形总是对称的几何图形，或轴线对称，或辐射对称；其长短轴之比应小于 3；其面积不宜太大，花坛中间可以设置雕塑、水景等，但不设园路，游人不得入内。多布置在建筑广场的中心、公园出入口空旷处、道路交叉口或是由花架或树墙组成的绿化空间中央等地，常常被用作主景花坛，作为构图中的主体或中心（见图 3-53）。

图 3-53　独立花坛(蔡清 摄于长沙烈士公园)

（10）花坛群：是由多个个体花坛组成的一个不可分割的构图整体，也称组合花坛。花坛群一般具有明确的构图中心，整体构图是对称布局的，但构成组群花坛的个体花坛不一定是对称的，个体花坛之间为草坪或铺装场地，允许游人入内游憩。花坛群构图中心可以是独立花坛，还可以是其他园林景观小品，如水池、喷泉、雕塑等。花坛群常布置在较大面积的建筑广场中心、大型公共建筑前面或规则式园林的构图中心，营造比较宏达的群体效果(见图3-54)。花坛群相对用苗量大,管理费工,造价高。

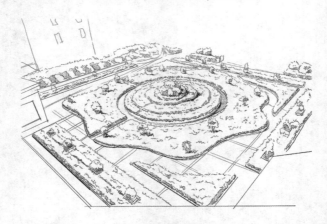

图 3-54　乌鲁木齐七彩花坛群(康晓强 绘制)

(三) 花坛的设计要点

1. 设计原则

二维码 3-7　花坛
设计要点

第一,以花为主,生态性效应。第二,功能原则,合理组织空间。花坛不仅具有观赏和装点环境作用,还具有组织交通、分隔空间的功能。例如:交通环岛花坛、分车带花坛、出入口广场花坛等必须考虑车行及人流量,不能造成遮挡视线、阻塞交通等问题。第三,立意在先,遵循艺术规律。第四,考虑时空,遵循科学原理。考虑地域、气候、立地条件等问题,做到适地适花,正确选择植物材料及合理的工程技术。第五,养护管理,节约性原则。

2. 设计方法

花坛设计首先应分析花坛所处场地的园景主题、位置、风格、环境色彩等因素,在此基础上明确花坛的主题、功能、风格、规格、体量,然后确定花坛的平面构图、立面设计及色彩搭配等,进而绘制花坛的平面图、立面图、剖面图或断面图,并详细标注花卉的种类或品种、株数、高度、栽植距离等,最后附实施的说明书。

3. 植物选择

花坛需用以时令性花卉为主题的材料,因而需要季节性的更换,以保证最佳的景观效果。设计师在进行花坛植物材料配置时,要充分考虑场地环境条件,例如气候温暖的地区,可以用终年具有观赏价值的生长缓慢耐修剪的、可以组成精美的图案纹样的多年生花卉或木本花卉,同时所选花材要最大程度地展现设计意图,形成良好的花坛景观效果。

就各种类型的花坛而言,花丛花坛主要表现色彩美、群体美,多选择花期一致、花期较长、花大色艳、开花繁茂、株丛紧密、花序高矮一致或呈水平分布的一二年生草本花卉或花开繁茂的球根花卉或宿根花卉。如金盏菊、一串红、地被菊、郁金香、金鱼草、鸡冠花、万寿菊、天门冬、矮牵牛、雏菊、垂盆草、荷兰菊、大丽花、风信子、美人蕉、三色堇、百日草、萱草等。一般不用观叶或木本植物。模纹花坛、立体花坛的立体部分等以表现图案美为主,要求图案纹样相对稳定,维持较长的观赏期,植物选择多采用生长缓慢、植株低矮、枝叶细密、萌发性强、耐修剪的观叶植物，如佛甲草、圆叶景天、六棱景天、凹叶景天、瓜子黄杨、金叶女贞、五色苋、垂盆草等；也可选择花期较长、花期一致、花小而密、花叶兼美的观花植物，如四季秋海棠、石莲花、雏菊、细叶百日草、孔雀草、非洲凤仙、紫罗兰、百里香、薰衣草等。混合花坛和造景式花坛在植物选择中更为丰富和自由，通常根据设计需求，挑选合适的花卉材料，一二年生花卉、宿根花卉、球根花卉、观赏草，甚至是常绿灌木、小型乔木均可加以应用。随着花坛形式的不断创新，花坛景观中花卉材料更加多样而丰富，例如在表现农业丰收、果蔬丰盈主题的花坛中，玉米、观赏谷子、石榴、麦穗等作为观赏作物类的植物材料。在斜面花坛中使用高大植物材料花卉遮挡花坛两侧或背后的支架结构。

就花坛中不同位置而言，在花坛中用来镶边或是作为花缘的植物材料，一般不做复杂构图。镶边植物的选择要低于内侧花卉，要求所选材料植株低矮、株丛紧密、开花繁茂，或者枝叶美丽。同时，其品种选择还要视整个花坛风格而定，若花坛中的花卉柱形规整、色彩简洁，可采用枝条自由舒展的天门冬、垂盆草、沿阶草、半枝莲、三色堇、香雪球、雪叶菊、美女樱等作镶边，同时用来遮挡花坛外边缘的容器或是种植床的边界；若花坛中的花卉株型较松散，花坛图案较复杂，可采用五色苋或整齐的麦冬、地肤作镶边。如果广场或者会场摆花，外圈宜采用株型整齐的花材，并使用美观一致的塑料套盆作装饰。在花坛中作为主景的植物，多选择株形圆润规整、姿态美丽、轮廓清晰的高大花卉或花木作为中心材料，如苏铁、橡皮树、大叶黄杨、散尾葵、茶梅等。

就花坛观赏季节而言，春季花坛以 4~6 月开花的一二年生花卉为主，如金盏菊、雏菊、桂竹香、一串红、月季、瓜叶菊、天竺葵等，配合一些盆花做处理。夏季花坛以 7~9 月开花的春播草花为主，如石竹、百日草、半枝莲、翠菊、万寿菊、鸡冠花等，同时配合部分盆花。夏季花坛根据需要可以整体性更换 1~2 次，或者随时调换部分过花期的植物种类。秋季花坛以 9~10 月开花的春播草花为主，如日本小菊、大丽花、荷兰菊、早菊、羽衣甘蓝、红甜菜等。

4. 平面布置

（1）花坛平面外形轮廓总体上应与广场、草坪、建筑等周围环境的平面构成及风格相协调，但在局部处理上要有所变化，使艺术构图在统一中求变化，在变化中求统一。但在人流聚集量大的广场以及道路交叉口，为了保障交通功能的作用，花坛的外形可以不受到广场形状的限制。

（2）作为主景的花坛要有丰富的景观效果，可以是华丽的图案花坛或花丛花坛，但不宜为草坪花坪；作为配景的花坛，可以位于雕塑基座或喷水池周围，可以以花坛群的形式出现，可以位于出入口的两侧对称布置，其纹样应简洁，色彩宜素雅，不可喧宾夺主。

（3）花坛面积与环境应保持适度的比例关系，以场地面积的 1/15~1/3 为宜。一般作为观赏用的草坪花坛面积比例可稍大一些，华丽的花坛比简洁的花坛面积比例可稍小些；在行人集散量或交通量较大的广场上，花坛面积比例可以更小一些。对于图案精美的花坛，花坛短轴的长度宜在 8~10 m 内，可有效防止图案变形。对于图案简单粗放的花坛，直径可达到 15~20 m。对于过大的花坛，其内部要用道路分隔，构成花坛群。带状花坛的宽度宜为 1.5~4.5 m，并在一定的长度内分段。

（4）图案设计要注重整体性，应主次分明、简洁明快、线条流畅，尽量采用大色块构图,在粗线条、大色块中突显植物的群体美。装饰纹样风格应与周围的建筑或雕塑风格一致(见图 3-55)。

图 3-55　花坛图案设计(刘禹佳 摄于徐州园林博览会)

5.立面设计

花坛主要表现平面图案,由于视角的关系,离地面不宜太高。一般情况下,单体花坛主体高度不宜超过人的视平线。花坛中央拱起,保持 4%~10%的排水坡度。花坛种植床高出地面 7~10 cm(见图 3-56)。对于立体花坛,要注重其立体造型的美观与高度。搭建立体花坛的时候,内部骨架结构是制作立体花坛的基础。立体花坛的骨架一般有钢筋、木制或竹制等。由于需要承载栽培基质花卉材料或者是卡盆,立体花坛容易变形,因此必须采取好固定措施,保证骨架摆放后能够安全稳定。同时,构架在制作时要充分显现作品的凹凸造型,精准、生动地展现设计意图及效果。立体部分的宽度及厚度要适合植物材料与配套设施的布置。

图 3-56　花坛立面设计(刘宝灿 摄于郑州市)

6. 色彩设计

花坛色彩应根据不同季节、环境、用途和需要进行设计。不同的色彩产生不同的心理效应,且同一色系的花卉所具有的饱和度和明暗度也存在很大的差异,因此在与其他的花卉搭配时所产生的效果也不同。例如,在与三角花等其他紫色、蓝色的花卉搭配的时候,一串红的效果就要好于一品红。一品红与蓝紫色搭配使用时会产生比较暗的效果,降低了花坛的明亮度。绿色是花坛布置中最基础的颜色,给人以希望、充实、宁静之感,常用来做底色。不同的单一颜色,被白色的线条分割后,各自的个性特征就会表现得更加鲜明和突出。

7. 质地设计

小面积场所应尽量使用质地细致、色彩较浅的花卉植物,给人以面积扩大的感觉;而面积较大的场所应采用质地粗重的植物。有时为突出质地细致的花卉植物,可选择质地粗重的植物进行组合搭配,以产生强烈的对比。粗与细质地的对比,可采用面积大与小的对比,采用渐变、缓慢的对比方式。禾草类植物质地最为细致,而木本植物质地粗重。若需要界定空间或引导路径,可种植质地粗重的植物。

8. 镶边设计

在花坛的边缘设置收边,收边材料可选用山石、石材、木板、钢板、PVC 等材质,其色彩要朴素,造型要简单。收边应稍高于种植床内的种植土面,高度为 10～15 cm,最高不超过 30 cm,宽度为 10～15 cm,若兼作座椅,可增至 50 cm,具体视花坛大小而定。

9. 视角、视距设计

从视角、视距角度分析,花坛设计应遵循以下规律:

(1)距离驻足点 0～1.5 m 范围内为视线忽视区域及视线模糊区域,不方便观赏,难以引人注意,应以草坪地被为主。

(2)距离驻足点 1.5～4.5 m 范围内,观赏效果最佳,可以设计花坛图案。

(3)当观赏视距超过 4.5 m 时,是图案缩小变形区,花坛表面应倾斜,倾角≥30°就可以看清楚花坛图案,倾角达到 60°时效果最佳,既方便观赏,又便于管理。另外,还可以通过降低花坛的高度,即沉床式花坛增强观赏效果。

(4)对于规模比较大的花坛,除增大花坛平面的倾斜角度外,还应把花坛图案线加粗,以避免由于观赏视距过大而引起图案变形和模糊。

(四) 花坛设计图纸

通常花坛的总平面图可选用 1:1 000、1:500 的图纸,画出花坛周围建筑物的边界、道路的分布、广场的平面轮廓以及花坛的外形轮廓图。花坛平面图可选择 1:50、1:30、1:20 等比例,精确地绘制花坛内部的纹样,标注花坛的图案纹样及所使用的植物材料。依照设计的花色上色。绘出花坛的图案后用阿拉伯数字或者符号在图上依照纹样使用的花卉,从花坛的内部向外依次编号,并与图旁的植物材料表相对应。植物名录表的内容包括花卉的中文名、拉丁学名、株高、花色、花期、用花量等。如果花坛用花随着季节变化需要更换,要在平面图及材料表中予以说明或绘制。花坛立面图用来展示及说明花坛的效果及景观。单面观、规则式图形或几个方向图案对称的花坛,只需画出主立面即可;如果是非对称的图案,要画出不同的立面。说明书是对花坛的环境状况、立地条件、设计意图及相关问题进行的说明,特别是图纸中难以表现的内容。说明书也可对植物材料的准备提出更为明确的要求和建议,包括育苗计划、用苗量的统计、育苗方法、起苗以及花坛建成后的后期养护管理的要求等。

三、花境设计

(一)花境概念

二维码 3-8　花境的概念、分类及植物材料的选择

花境又称花径、花缘,是指栽植在绿地边缘、道路两旁、草坪边缘、构筑物及建筑物墙基处,介于规则式和自然式之间的一种半自然式的条带形种植形式。它是根据自然风景中林缘野生花卉自然交错分散生长的状态,加以艺术提炼,应用于园林景观中的一种栽植方式,主要用来表现植物的群体美和自然美。

(二)花境分类

1. 依据植物材料不同来分类

(1)草花花境:是指花境内所用的植物材料全部为草花。包括一二年生草花花境(见图 3-57)、宿根花卉花境、球根花卉花境、专类植物花境及观赏草花境等。宿根花卉花境由当地可以露地越冬、适应性较强的耐寒多年生宿根花卉构成,如鸢尾、芍药、玉簪、萱草等。宿根花卉花境是最为常见的花境类型。球根花卉花境是由球根花卉组成的花境,如百合、石蒜、水仙、唐菖蒲等。专类植物花境是由一类或一种植物组成的花境,以表现该种植物丰富的株型、花色、叶色等不同的观赏特征。如蕨类植物花境、芍药花境、鸢尾花境、蔷薇花境等。此类花境在植物变种或品种上要有差异,以求变化。

图 3-57　草花花境(蔡清 摄于成都成华公园)

(2)灌木花境:是指主要由观花、观果或观叶且体量较小的灌木构成,如月季、猬实、矮紫杉、南天竹等组成的花境(见图 3-58)。

(3)混合花境:是指主要由灌木和各类多年生花卉为主混合构成的花境,是园林中最为常见的花境布置形式(见图 3-59)。

图 3-58　灌木花境(蔡清 摄于烟台蓬莱阁景区)

（4）野花花境：主要是以表现新优植物材料之美为目的进行的一种花境设计（见图 3-60）。

图 3-59　混合花境(刘宝灿 摄于郑州市)

2. 依据观赏角度不同来分类

（1）单面观赏花境：植物配置形成一个斜面,低矮植物在前,高植物在后,建筑、矮墙、树丛或绿篱作为背景,仅供游人单面观赏。

（2）对应式花境：在园路轴线的两侧、广场、草坪或建筑周围,呈左右二列式相对应的两个花境(见图 3-61)。在设计上作为一组景观统一考虑,多用拟对称手法,力求赋予韵律变化之美。

（3）多面观赏花境：植物配置为中间较高、两边较低,多设置在道路、广场和草地中央,可供游人从两面观赏,故花境无需背景。其立面应有高低起伏的轮廓变化,平面轮廓

图 3-60　野生花境(蔡清 摄于哈尔滨太阳岛公园)

与带状花坛相似,植床两边是平行的直线或有规律的平行曲线,并且最少有一边需要有低矮的植物进行镶边处理(见图 3-62)。

图 3-61　对应式花境(蔡清 摄于北京世界园艺博览会)

3.依据花境颜色不同来分类

(1)单色系花境:整个花境由单一色系的花卉组成,通常种植同一色系,但饱和度、明暗度有所不同的花卉植物种类。常见的有白色花境、蓝紫色花境、黄色花境、红色花境等。

(2)双色系花境:整个花境以两种色系的花卉为主构成,通常采用呈对比色系的两种颜色的花卉构成,如蓝色和黄色、橙色和紫色等,也可采用蓝色和白色、绿色和白色以及红色和黄色等对比明显的色系甚至相近的两个色系组成,表现各具特色的色彩效果。

(3)多色系花境:由多种颜色的花卉组成的花境,是最常见的花境类型。

图 3-62　多面观赏花境(刘禹佳 摄于徐州园林博览会)

4. 依据花境布置的环境分类

依据花境布置的环境,花境可分为阳地花境、阴地花境、旱地花境、滨水花境。

(三) 花境材料的选择

1. 花境个体材料的选择

花境的植物材料是花境成功与否的关键因素,选择合适的、符合设计要求的植物材料至关重要。首先,应选择适应性强、耐寒、耐旱、在当地自然条件下生长强健且栽培管理简单的多年生花卉。其次,根据花境种植床所在的具体位置,考虑花卉对光照、土壤及水分等的适应性。再者,花境植物要求造型优美,花色鲜艳,花期长,质地有异,而且要方便管理,能够实现四季次第开花,每季均至少有 3~4 种花为主基调开放,能够形成鲜明的季相景观并长期保持良好的观赏效果。因此,花境宜以多年生宿根花卉为主,适当配置一些一二年生草花和球根花卉或者经过整形修剪的低矮灌木,一次栽植,多年观赏,养护管理较为简单。最后,花境材料的选择应考虑花卉种类的组合能够满足花卉立面与平面构图相结合。株高、株型、花序形态等变化丰富,有水平线条与竖向线条的交错,从而形成高低错落有致的景观。

2. 花境背景材料的选择

花境背景是单面观花境景观的有机组成部分,花境背景依据场所不同而异,较理想的背景是绿色的树墙或较高的树篱。可以选用小乔木和花灌木,如法国冬青、紫叶风香果、火棘、海桐等。

3. 花境主体植物材料的选择

根据花卉的枝叶与花序构成,把植物分为水平形、直线形、独特形。水平形花卉植株浑圆,开花较密集,多为单花顶生、各类头状和伞形花序,并形成水平方向的色块,如八宝、金光菊、薯草等。直线形花卉植株耸直,多为顶生总状花序或穗状花序,形成明显的竖线条,如火炬花、一枝黄花、大花飞燕草、蛇鞭菊等。独特形花卉植株兼具水平与竖向效果,花朵独特,如大花葱、石蒜、百合等。

4. 花境镶边植物材料的选择

镶边花卉可以是多年生草本花卉,也可以是常绿矮灌木,但镶边植物必须四季常绿或生长期均能保持美观,最好为花叶兼美的植物,如酢浆草、葱兰、沿阶草、雪叶菊等。

5. 花境常用植物材料资源

花境中常用的灌木材料有木槿、杜鹃、丁香、山梅花、蜡梅、八仙花、珍珠梅、夹竹桃、笑靥花、郁李、棣棠、连翘、迎春、榆叶梅、山茶、绣线菊类、牡丹、小檗、海桐、八角金盘、桃叶珊瑚、马缨花、桂花、火棘、石楠、茉莉、木芙蓉等。花境中常用的花卉材料有月季、飞燕草、波斯菊、荷兰菊、金鸡菊、美人蕉、蜀葵、大丽花、黄葵、金鱼草、福禄考、美女樱、蛇目菊、萱草、百合、紫菀、芍药、楼斗菜、鼠尾草、郁金香、风信子、鸢尾、串儿红、玉簪、石竹、虞美人、紫茉莉、矮牵牛等。花境常用藤本材料有紫藤、美国凌霄、铁线莲、金银花、藤本月季、云实等。

(四) 花境的种植设计

1. 花境的色彩设计

色彩是花境景观最主要的表达内容。花境色彩主要由植物的花色来体现,同时植物的叶色,尤其是观叶植物叶色的运用也很重要。花境的色彩设计主要有单色系设计、类似色设计、补色设计及多色设计等4种基本配色方法,并有主色、配色与基色之分。花境色彩要注意与周围环境相协调。花境多用于建筑物周围、墙基、斜坡、台阶或路

二维码 3-9　花境的种植设计

旁,如果环境设施的颜色较为素淡,如深绿色的灌木、灰色的墙体等,应适当点缀色彩鲜亮的花卉材料,容易形成鲜明的对比;反之则应选择彩色淡雅的花材,如在红墙前,花境应选用枝叶优美、花色浅淡的植株来配置。

2. 花境的季相设计

花境的季相是通过不同季节的开花植物种类及其花色来体现的。花境季相设计在确定主景季的基础上,还要注意花境内部每个季节都要有丰富的季节变化,每个季节要保证至少有 3~4 种花作为主基调进行开放,花期能够相互衔接,从而形成比较鲜明的季相效果。即使在寒冷地区,花境也要至少做到两季有景可赏。花境的季相设计还要求设计师对花卉的全生命周期中不同季节的形态学及观赏性状上的差异变化有一定的了解与掌握。

3. 花境主题的确定

在确定花境选位和了解场地现状的基础上,花境主题的构思至关重要,如色彩主题、科普主题或专类主题等。

4. 花境种植床设计

花境的种植床呈带状,种植床两边的边缘线是连续不断的平行的直线或是有几何轨迹可循的曲线,是沿长轴方向演进的动态连续构图,这正是花境与自然式花丛和带状花坛的不同之处。花境的种植床布置要根据花境的背景及周围环境特点确定是单面观花境、对应式花境,还是多面观花境。对于单面花境,应在种植床和背景之间留出 50~80 cm 宽的通道,以便养护管理,还可以起到通风、防止植物蔓延的作用。花境的种植床一般应稍高出地面,在有边缘石的情况下,处理方法与花坛相同。没有边缘石的花境,种植床外缘与草地或路面相平,中间或内侧应稍稍高起,形成 5°~10° 的坡度,以利于排水,同时配以

低矮植物进行镶边处理,界定种植床的边缘。

5. 花境的尺寸设计

花境的长度视需要而定,无过多要求,如花境过长,可分段栽植,但要注意各段植物材料的色彩要有所变化,并通过渐变或者重复等方法保证各段落之间的联系。花境不宜过宽,否则会显得色块过大,造成景观凌乱,且不利于养护管理。花境宽度亦不宜过窄,否则不易体现花卉配置的错落景观。通常对于长条形花境的宽度经验值为:宿根花境2~3 m,混合花境3~5 m。在家庭小花园或空间较小的地方,花境宽度可设置为1~2 m。花境宽度要与背景的高低、道路的宽窄成比例,即墙桓高大或道路很宽时,花境也应宽一些。

6. 花境的前缘与背景设计

花境的前缘与背景设计是保持花境整洁的有效方法。花境的前缘使花境内的植物免遭踩踏,也便于花境前缘的草坪修剪和园路清扫工作。可采用观赏期长、花叶优美的低矮植物或在花境前缘铺设一定宽度的草坪,或用石头、砖块、木条、不锈钢板、塑料板镶边。花境的背景设计对于衬托花境色彩、形态具有重要作用。花境的背景可利用深绿色的绿篱、建筑物的墙体、栅栏或自然的树丛等。如果场地较宽,最好在花境与背景植篱之间留出一定距离,种上草坪或铺上卵石作为隔离带,一方面避免树木根系影响花境植物的生长,另一方面也便于养护管理。另外,为了便于观赏和维护,花境也不宜离建筑物过近,至少要距离建筑物400~500 mm。

7. 花境的布局设计

花境的布局设计需要从平面与立面两个方面对其进行详细的控制。在平面上要强调不同花丛所形成的斑块混交的设计。其基本构成单位是花丛,每丛内同种花卉的植株集中栽植,花丛大小不同,表达主要色彩或水平线条的花丛团块可以稍微大些,不同种的花丛团块呈斑块混交。花境的平面设计直接决定了植物团块的组合方式,如飘带形组合、半围合形组合、拟三角形组合(见图3-63)。飘带形组合花境中的各个飘带状的团块主视角成30°~45°角倾斜。每个飘带团块都有部分重叠,各个飘带形团块的色彩相互延伸,增加流动感和丰富度。半围合形组合花境中较大的植物团块包围较小的植物团块,形成一个个相对独立的植物组团。花境的整体轮廓多由大团块中的植物架构而成,因此花境整体感强。而其中较小的植物团块又可以营造出种类和色彩丰富的景观。拟三角形组合花境中各个植物团块以不同大小的近似三角形相互契入,植物团块相互交错,层次相对较少。在立面上要注意植株个体的株型、株高、花色、花形等进行高低错落式的设计。在花境设计中,可在表达水平线条的植物团块中,适当穿插表达竖线条的植物团块,打破植物团块的整体轮廓,营造立面参差的花境景观。在花境立面设计中还可通过地形塑造、砌成不同高矮的种植床及设置石块、支架、花钵等构筑小品丰富立面效果。

(五) 花境设计图纸

花境设计图纸主要包括环境总平面图、花境平面图(见图3-64)、花境立面图、花境效果图、花境分析图、设计说明、植物材料表共7个部分。花境总平面图要表达出花境所在的周围环境、空间尺度及花境的朝向。花境平面图要表达花境的大小、植物团块的位置、组合方式、尺度大小及植物名称。花境立面图要表达主要观赏面的立面层次和植物团块在立面上的搭配关系。花境效果图主要表达花境在人视角度的整体效果,以及局部优美

(a)飘带形　　　(b)半围合形　　　(c)拟三角形

图 3-63　花境植物团块的组合方式(姜晧阳 绘制)

的植物组合景观。花境分析图可以记录方案构思和形成的过程,表达清楚花境的色彩设计、季相设计等。设计说明是用文字简要说明整个花境的设计构思和主要特点。植物材料表要表明花境的植物种类、特点、规格以及用量等信息。

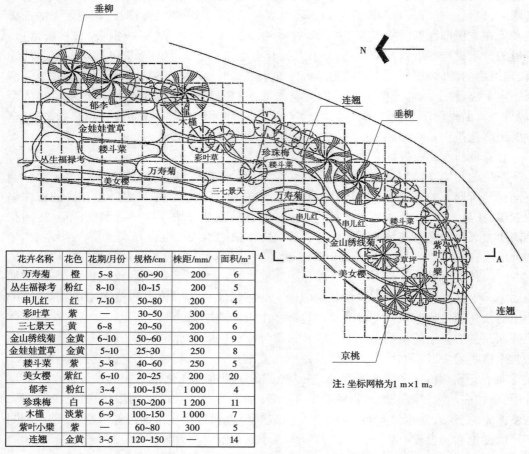

花卉名称	花色	花期/月份	规格/cm	株距/mm	面积/m²
万寿菊	橙	5~8	60~90	200	6
丛生福禄考	粉红	8~10	10~15	200	5
串儿红	红	7~10	50~80	200	4
彩叶草	紫	—	30~50	300	6
三七景天	黄	6~8	20~50	200	6
金山绣线菊	金黄	6~10	50~60	300	9
金娃娃萱草	金黄	5~10	25~30	250	8
耧斗菜	紫	4~6	40~60	250	5
美女樱	紫红	6~10	20~25	200	20
郁李	粉红	3~4	100~150	1 000	4
珍珠梅	白	6~8	150~200	1 200	11
木槿	淡紫	6~9	100~150	1 000	7
紫叶小檗	紫	—	60~80	300	5
连翘	金黄	3~5	120~150	—	14

注: 坐标网格为1 m×1 m。

图 3-64　花境平面图(局部) (引自《园林植物景观设计》金煜)

四、花台设计

(一)花台的概念

花台是将花卉种植在高出地面的台座上而形成的花卉景观,也称高设花坛。花台一般面积较小,台座的高度多在 40~60 cm,适合近距离观赏,多设于广场、庭院阶旁、出入口两边、墙下、窗户下等处。

(二)花台的类型

花台按形式可分为规则式与自然式两种类型。

规则式花台有圆形、椭圆形、梅花形、正方形、长方形、菱形等几何形状,这类花台一般布置在规则式园林中,最宜用于现代的广场、现代园林、建筑物前、建筑墙基等处,还常常结合各种雕塑,来强调花台的主题(见图3-65)。规则式花台可以为单个花台,也可以由形状和大小不同的几何形体,或者高低错落,或相互穿插组合而成为立体组合式花台。立体组合式花台设计既要注意局部造型的变化,又要考虑花台整体造型的均衡和稳定。

自然式花台台座外轮廓为不规则的自然形状,多采用自然山石叠砌而成。常布置于中国传统的自然式园林中,结合环境与地形,形式较为灵活,如布置在山坡、山脚的花台,其外形根据坡脚的走势和道路的安排等高低错落呈现富有变化的曲线,边缘常砌以山石,既有自然之趣,易与环境中的自然风景协调统一,又可起到挡土墙的作用。在中国传统园林中,常在影壁前、庭院中、漏窗前、粉墙下或角隅之处,以山石砌筑自然式花台,通过植物配置,还可适当点缀一些假山石,组成一幅生动的富有诗情画意的立体画面,成为园林中的重要景观,甚至点睛之笔(见图3-66)。

图 3-65　规则式花台(姜皓阳 绘制)

(三)花台的植物选择

用于花台的植物没有特殊的限制,要根据花台的形状、大小及所处的环境进行选择。规则式花台及组合式花台常种植一些花色鲜艳、株高整齐、花期一致的草本花卉,尤其是时令性草花,如鸡冠花、万寿菊、一串红、郁金香、水仙、菊花等;也可种植低矮、花期长、开花繁茂及花色鲜艳的灌木,如月季、天葵等,具有较强的烘托、渲染环境的作用;常绿观叶植物或彩叶植物,如沿阶草、麦冬、铺地柏、南天竹、金叶女贞等,可维持花台周年具有良好的景观。自然式花台多不规则配置形式,植物种类的选择更为灵活,花灌木和宿根花卉最为常用,如兰花、芍药、玉簪、书带草、麦冬、牡丹、南天竹、迎春、梅花、五针松、红枫、山茶、杜鹃花、竹子等,在配置上既可单种栽植,如牡丹台、芍药台,也可不同的植物种类进行高

图 3-66　自然式花台(蔡清 摄于苏州拙政园)

低错落、疏密有致的搭配,形成一幅美丽的图画式景观。

五、花钵及花箱

　　花钵以石材、水泥、陶器、塑料或金属材料制成,在公园、广场、道路两侧均可放置(见图 3-67)。公共建筑使用花钵材料一般以水泥和石雕钵为主,形状有半圆形、椭圆形、杯形、锥形、圆柱形、多边形等。钵体大小以直径 50~80 cm、厚度 6~10 cm 为宜,钵底应有排水孔,钵高为 0.8~1.3 m 时,观赏效果较为理想。

图 3-67　花钵(蔡清 摄于河南财经政法大学)

　　花箱是用木、竹、塑料等材料制成的专门用于栽植或摆放花木的小型容器。花箱的形式多采用方形,也可以采用花车、花桶等特殊形式。花箱具有体量小、移动方便的特点。因此,花箱应用较为灵活,可以用于临时花卉布置,丰富场地景观效果,或用于分隔场地空间(见图3-68)。

图3-68 花箱(蔡清 摄于成都市)

● **理论思考、实训操作及价值感悟**

1. 请说出花坛、花境的设计要点。

2. 运用花坛设计知识,自行拟定一个场地,完成一个主题花坛设计。

3. 运用花境设计知识,自行拟定一个场地,完成一个花境设计。

4. 花境是一种源于林缘野生花卉自然景观的设计,是人类认识自然美、模拟自然美的一种方式。你还能发现哪些自然美与园林美相联系的园林植物景观设计?请你试着谈谈自然美对园林美的影响。

第五节 草坪与园林地被植物景观设计

草坪和地被是园林景观中的基底。草坪是由人工建造和养护管理,起到保护、美化、绿化环境的作用,并为人类活动利用的草地。地被是通过栽植低矮的园林植物覆盖于地面形成的植物景观。因此,地被包含草坪,只是草坪草的种类多为禾本科植物,建植及养护管理与其他地被植物差别较大,在长期的实践中形成独立的体系。

一、草坪景观

(一)草坪特点及应用环境

草坪也称草地,是由希腊、罗马的体育场上铺草的形式发展而来的。草坪能形成开阔的视野,增加景深和景观层次,能充分表现地形美(见图3-69)。草坪具有独特的背景作用,可有力地烘托主景(见图3-70)。草坪具有可塑性,可以通过修剪、滚压来形成花纹,利用不同草种色泽上的差异来进行造型,构成文字或图案。草坪一般铺植在建筑物周围、广场、

二维码3-10 草坪景观设计

运动场、林间空地等,供观赏、游憩或作为运动场地之用。在现代城市中,草坪还常用于由于环境限制无法栽植高大树木的地方,比如道路沿线、飞机场、强电力网线下方、地下设施上面土层较薄的地方等。

图 3-69　阳光草坪(蔡清 摄于襄阳月亮湾公园)

图 3-70　草坪烘托主景(蔡清 摄于上海闵行体育公园)

(二)草坪类型

按照草坪草对气候的适应,草坪可分为冷季型草坪和暖季型草坪两类。冷季型草坪草最适生长温度为 15~25 ℃,主要种植于我国华北、东北、西北等地区。冷季型草坪草耐寒性强,绿色期长,春秋两季生长快,夏季生长缓慢,并会出现短期的半休眠现象,需要精细管理。常见的草种主要有草地早熟禾、多年生黑麦草、高羊茅、细羊茅、匍匐紫羊茅、剪股颖等。暖季型草坪草最适生长温度为 25~30 ℃,当温度低于 10 ℃以下时会进入休眠状态,主要分布于热带、亚热带地区,多种植在我国长江流域及江南各地。暖季型草坪草耐热性强,绿色期短,夏季生长旺盛,春秋生长缓慢,冬季休眠,管理相对粗放。常见草种主要有狗牙根、结缕草、假俭草、野牛草、狗尾草、地毯草等。

　　草坪按植物材料组合可分为单一草坪、混播草坪、缀花草坪。单一草坪是指用一个草种或品种铺设的草坪。这类草坪高度均匀,整齐美观,但稳定性较差,需要精细管理。多选用暖季型草坪草及冷季型草坪草中蔓延性较强的草种来铺设。混播草坪是只有两种或两种以上的草种混合建制的草坪,可以提高成坪速度及草坪稳定性或延长绿期。如在草地早熟禾中加入多年生黑麦草可加快成坪速度。缀花草坪是以草坪草为主,混合少量多年生草本花卉的草坪,如紫花地丁、蒲公英等。

　　草坪按用途可分为游憩型草坪、观赏型草坪、运动场草坪、护坡式草坪等。游憩型草坪又称开放式草坪,供人运动、休息、散步或举行庆典活动,这里草坪面积可大可小,形状自由,地形可高低起伏,一般保持不小于2%的自然排水坡度,面积较大时要做好地下渗井或排水管网,以防出现积水现象(见图3-71)。这类草坪多用于公园、学校、小区的入口或中心区域,应选用耐践踏的草种。观赏型草坪也称封闭型草坪,一般不开放,主要作为绿色基底装饰环境,一般选用绿色期较长的草种(见图3-72)。在西方规则式园林中,常选用图案式的植坛种植草坪用以观赏,这类草坪多呈几何形对称排列或重复出现,以求整齐统一的效果。运动场草坪是开展体育活动的草坪,如足球场草坪、高尔夫球场草坪等。这类草坪应选择耐践踏、耐修剪,具有极强恢复能力的草种。护坡式草坪是指在坡地、水岸堤坝、公路边坡等处建植的草坪。主要起固土护坡,防止水土流失和防止尘土飞扬的作用。这类地段立地条件较差,应选择适应性强、根系发达、耐贫瘠的草种,如五芒雀麦、冰草、野牛草等。

图 3-71　游憩型草坪(蔡清 摄于襄阳月亮湾公园)

(三)草坪设计

　　(1)草坪设计要遵循变化与统一的原则。草坪设计时应在布局形式、草种组成等方面有所变化,利用草坪的形状、高低起伏、色彩对比等形成丰富的草地景观。

图 3-72　观赏型草坪(蔡清 摄于上海闵行体育公园)

（2）草坪设计要遵循适用、适地、适景的原则。草坪设计要满足草坪的使用功能,即为适用。如陡坡设计草坪以水土保持为主要功能,或作为坡地花坛的绿色基调。草坪设计必须适应种植地的环境要求,即为适地。如湖畔河边或地势低洼处附近的草地,其草种应选择耐湿草种,如剪股颖、细叶苔草等。草坪设计时要考虑季相景观、叶色、质感等特征,力求与周围景物和谐统一,即为适景。如在规则式庭院中,草坪形状也应采用规则式外轮廓,做到与其他植物景观设计的形式与内容相协调。

（3）草坪设计要遵循经济原则。草坪需要定期修剪、浇水,养护成本相对较高。所以,在满足功能使用和景观观赏效果的前提下要尽量减少草坪的面积。

（4）草坪边缘不仅是草坪边界的标志,也是一种装饰。为了获得自然的景观效果,方便草坪的修剪,草坪的边界应尽量简单且圆滑,尽量避免复杂的尖角。在建筑的转角、规则式铺装的转角处可以种植地被、灌木等植物,以消除尖角产生的不利影响。草坪边缘植物配置宜疏密相间、曲折有致、高低连续,不宜整齐环绕草坪一周。

（5）草坪设计要注意土壤的排水设计。种植层之下需设计排水层、排水坡度及排水设施。休闲、游憩的草坪排水坡度取 5%,面积大的草坪取 10%～15%。

二、园林地被植物景观

（一）园林地被植物定义及特点

园林地被景观是由低矮的园林植物覆盖于地面形成一定的植物景观。园林地被植物指株丛紧密、低矮,用以覆盖园林地面而免杂草滋生并形成一定园林地被景观的植物种类,包括矮生草本植物、生长低矮或匍匐型的矮生灌木、蔓生特性的藤本植物等,一般不

二维码 3-11　园林地被植物景观设计

耐践踏,但枝叶繁茂,高度一般为 30～100 cm。园林地被植物具有种类丰富、生长期长、绿叶期长、观赏价值高、观赏形状多样、适应性强、抗逆性强、容易繁殖、生长迅速、耐修剪、管

理粗放等特点。

（二）园林地被分类

园林地被植物按生态环境可分为阳性地被、阴性地被和半阴性地被三大类；按观赏特性可分为观叶地被、观花地被两大类；按配置环境可分为空旷地被、林缘疏林地被、林下地被、坡地地被（见图 3-73）、岩石地被（见图 3-74）。

图 3-73　坡地地被（蔡清　摄于重庆动物园）

图 3-74　岩石地被（蔡清　摄于上海豫园）

（三）园林地被植物资源

园林地被植物资源丰富，草本地被植物包括宿根、球根及能够自播繁衍的一二年生植物。如紫茉莉、马蹄金、白三叶、忽地笑、红三叶、紫花苜蓿、莴萝、阔叶土麦冬、石蒜、百脉根、沿阶草、玉簪、二月兰、半支莲、紫花地丁、萱草、番红花、石竹、菊花脑、金毛蕨、吉祥草、垂盆草、蔓长春花、贯众、地肤、月见草、微型月季、黄刺玫、铃兰、马蔺、红花酢浆草、虎耳草、万年青、蛇莓、葛藤、鸡眼草、水仙等。木本地被植物包括灌木、竹类及藤本植物。如迎春、火棘、阔叶十大功劳、五叶地锦、南天竹、八角金盘、铺地柏、石岩杜鹃、日本木瓜、沙地柏、金丝桃、栀子、棣棠、紫叶小檗、偃柏、日本绣线菊、凤尾竹、菲黄竹、鹅毛竹、菲白竹、地锦、络石、常春藤、金银花、山葡萄、百里香、枸杞、紫穗槐、木地肤、海州常山、结香、中华猕猴桃、金焰绣线菊、紫藤、枸骨、中华常春藤、木通等。

（四）园林地被植物的应用范围

园林地被植物具有调节气候、组织空间、美化环境、衬托主景、强调树丛林缘（见图3-75）、吸引昆虫等作用。因此，园林地被是现代城市绿化造景的主要材料之一，也是园林植物群落的重要组成部分，广泛应用于园林绿地之中。如需要保持视野开阔的非活动场地；阻止游人进入的场地；可能会出现水土流失，并且很少有人使用的坡面，如高速路边坡；栽培条件较差的场地，如沙石地、林下、风口等；管理不方便的地方；杂草猖獗，无法生长草坪的场地；需要绿色基底衬托，希望获得自然野化的景观效果的场地等。

图 3-75　强调树丛林缘（蔡清 摄于襄阳习家池）

（五）园林地被植物景观的设计

（1）遵循适地适树、合理造景的原则。植物材料的选择要依据光照、温度、湿度及土壤等环境条件进行选择。如高架桥下等阴湿环境可选择八角金盘、十大功劳等地被植物（见图3-76）。

（2）满足园林绿地的性质及功能要求。满足使用功能，如保护边坡绿化的植物可以用麦冬、马蔺、百脉根等；满足景观观赏功能，如作为背景的园林地被要单一纯净的色彩，而作为主景的园林地被其颜色及种类要丰富，花大、叶美、观赏价值高。

（3）遵循植物群落学的科学规律，建立稳定的地被植物群落。园林地被应注意与乔木、灌木、草合理搭配。

（4）遵循艺术美学规律等。园林地被可以使景观中不协调的元素协调起来，例如硬

图 3-76　地被植物的适地适树性(蔡清 摄于襄阳市)

质景观与软质景观的协调。地被植物具有丰富的季相变化,可以烘托和强调园林中的主要景点,形成不同景观效果。作为绿地基调,避免应用太多品种,可利用不同深浅的绿色地被取得同色系的协调。

● 理论思考、实训操作及价值感悟

1. 请说出草坪与地被植物景观的类型。
2. 请阐述草坪与地被植物景观设计的要点。
3. 请选择一处园林景观,对其中的草坪景观设计进行分析评价。
4. 请选择一处园林景观,对其中的地被植物景观设计进行分析评价。
5. 请从草地及地被植物景观的基调作用中感悟"有容乃大"的精神。

第六节　水体植物景观设计

二维码 3-12　水体
植物景观设计

一、园林植物与水景的关系

园林水体给人以明净、清澈、近人、开怀的感觉。园林中水体可赏、可游。淡绿透明的水体,简洁平淌的水面是各种园林景观的底色,与绿叶相调和,与艳丽的花相对比,相映成趣。园林中各类水体,无论其在园林中是主景、配景或小景,无一不借助植物来丰富水体的景观。

二、园林中各类水体的植物景观设计

园林中有多种水体形式,概括起来包括湖、池、泉、河、溪涧与峡等形式。不同的水体形式有其自身的特点,植物景观设计亦有所不同。

　　湖水体较大,注重植物景观的远观效果,常沿湖景点突出季相景观,注重色彩的搭配,采用群植的方式突出植物的群落美。池水体较小,注意植物景观的近观效果。对于自然式池水景观,可以通过模拟自然界水体的植物群落进行植物景观设计,注重四季景观的营造。为了获得"小中见大"的效果,植物配植常突出个体姿态或利用植物分割水面空间、增加层次,同时也可创造活泼和宁静的景观(见图 3-77)。泉水喷吐跳跃,吸引人们的视线,可作为景点的主题,再配植合适的植物加以烘托、陪衬,效果更佳。园林中直接运用河的形式不常见,对于河的景观设计,一般只作滨水绿化,种植高大的乔木,突出季相景观的营造。溪涧与峡最能体现山林野趣,其水体植物景观设计应以表现自然野趣为主(见图 3-78)。

图 3-77　池水植物景观设计(蔡清 摄于重庆动物园)

三、水边植物景观设计

(一)树种的选择

　　水边植物的选择应满足具备一定的耐水湿的能力、符合设计意图、满足美化要求、姿态优美的植物。常见的水边绿化植物有水杉、落羽杉、池杉、柳树、棣棠、木芙蓉、迎春等。

(二)水边植物景观设计艺术美学原理

1. 色彩构图

　　水是无色、无味的液体。没有植物景观的单纯水体会使人觉得单调、乏味,因此色彩的设计对于水体而言至关重要。水边种植具有色彩性的植物能够丰富水体景观色彩,增强景观观赏性,同时水体具有倒影能力,当水边种植有彩色叶植物时,其色彩也能倒映到水面中,实现水体"着色"的效果。

2. 线条构图

　　水边的线条设计对于丰富水体景观具有重要作用。可采用岸边种植落羽松、池杉、水

图 3-78 溪涧植物景观设计 (蔡清 摄于重庆园博园)

杉等高耸植物与平直水面线条形成对比,同时岸上树形在水中的倒影能够加强线条的对比效果。或通过水边栽植枝条探向水面,或平伸,或斜展,或拱曲的低垂植物,在水边形成优美线条。或水边栽植直立型植物,打破水面的单调感(见图 3-79)。

图 3-79 水边植物配置 (蔡清 摄于上海闵行体育公园)

3. 透景与借景

在自然式水体设计中,水边植物切忌等距种植、整形修剪及封闭水体,以免既失去画意,又失去了人与水体接近的机会。栽植片林时,应留出透景线,利用树木、树冠形成框景,使人能够欣赏远处美景,达到借景的效果。

（三）水边驳岸植物景观设计

1. 土岸

自然式土岸要结合地形、道路、岸线配植，有近有远，有疏有密，有断有续，曲曲弯弯，自然成趣。通过植物景观设计，引导游人亲近水面。

2. 石岸

石岸有规则式的石岸与自然式的石岸之分。规则式的石岸线条生硬、枯燥，柔软多变的植物枝条可补其拙。自然式的石岸线条丰富，优美的植物线条及色彩可增添景色与趣味。自然式的石岸的岸石有美、有丑，植物配植要露美遮丑。

四、水面植物景观设计

（1）水面植物景观设计，以保持必要的湖光天色、倒影鲛宫的景象观赏为原则。在不妨碍美丽倒影的水面上，可配置些以花取胜的水生植物，但应团散不离，配色协调。

（2）一般情况下，水面植物不可过满、过密，要留出足够空旷的水面来展示倒影（见图 3-80）。对于一些小水面或水池及湖中较独立的水面，也可以采用水面全铺满的植物配置方式。

图 3-80　水面植物配置（蔡清 摄于上海闵行体育公园）

（3）在水中配置水生植物，可以是单独一个品种，也可以是几个品种。多种植物搭配时，既要满足生态要求，又要注意主次分明，高低错落，形态、叶色、花色的搭配协调。通常把浮水植物配置于中央，挺水植物种植在边缘，净水面要留出 1/3~1/2，这样重点突出，有水波倒影，观赏效果更好。

（4）各种水生植物原产地的生态环境不同，对水位要求也有很大差异，多数水生高等植物分布在 100~150 cm 的水中，挺水植物及浮水植物常以 30~100 cm 为适，而沼生、湿生植物种类只需 20~30 cm 的浅水即可。按水生植物对水深的不同要求，可在水中安置高度不等的水泥墩,再将栽植盆放在水泥墩上。常见的水位为 30~100 cm 的植物有荷花、芡实、睡莲、伞草、香蒲、芦苇、千屈菜、水葱、黄菖蒲等;水位在 10~30 cm 的植物有荇菜、凤眼莲、萍蓬草、菖蒲等;水位在 10 cm 以下的植物有燕子花、溪荪、花菖蒲、石菖蒲等。

(5)水生植物可种于种植篮内,这样既利于植物生长,使之免受池内鱼虫菌藻类的干扰,又可减轻养护过程中枯枝残叶清除的难度。

● 理论思考与实训操作

1. 简述水体植物景观设计的要点。
2. 运用水生植物景观设计知识完成一个水景庭院设计。

第七节　藤本植物景观设计

二维码 3-13　藤本植物景观设计

藤本植物景观设计具有占地面积小、绿化面积大、生长快、绿化见效快的特点,是拓展绿化空间、增加城市绿量、提高整体绿化水平、改善生态环境、延缓构筑物老化与风化的重要途径。

一、设计形式

藤本植物的种植设计形式主要有附壁式、廊架式、篱垣式、立柱式和垂挂式。

(一)附壁式

攀缘植物设计种植于建筑物墙壁或墙垣基部附近,沿着墙壁攀附生长,创造垂直立面绿化景观(见图 3-81)。这是占地面积最小、绿视率高的一种设计形式。根据攀缘植物习性不同,又分直接贴墙式和墙面支架式两种。直接贴墙式是指将具有吸盘或气生根的攀缘植物种植于近墙基地面或种植台内,植物直接贴附于墙面,攀缘向上生长。如地锦(爬墙虎)、五叶地锦(美国地锦)、凌霄、薜荔、络石、扶芳藤等。墙面支架式是指植物没有吸盘或气根,不具备直接吸附攀缘能力,或攀附能力较弱时,在墙面上架设攀缘支架,供植物顺着支架向上缠绕攀附生长,从而达到墙壁垂直绿化的目的。如金银花、牵牛花、茑萝、藤本月季等。

(二)廊架式

利用廊架等建筑小品或设施作为攀缘植物生长的依附物,如花廊、花架、休息长廊等(见图 3-82)。其特点是根据廊或架的大小,种植一株或数株在廊或架的支架或边缘处,或种植台中。廊架式通常兼有空间使用功能和环境绿化、美化作用。常用植物有凌霄、木香、藤本月季、多花蔷薇等。

(三)篱垣式

利用篱架、栅栏、矮墙垣、铁丝网等作为攀缘植物依附物的造景形式。篱垣式既有围护防范功能,又能很好地美化装饰环境。一般篱垣高度较矮,因此几乎全部的藤本植物都可以使用。常用植物有金银花、多花蔷薇、牵牛花、茑萝、地锦、云实、藤本月季、常春藤、绿萝等。

图 3-81　附壁式藤本绿化（蔡清 摄于韩城古城）

图 3-82　廊架式藤本绿化（蔡清 摄于华中农业大学）

（四）立柱式

藤本植物依附柱体攀缘生长的垂直绿化设计形式。攀缘植物或靠吸盘、不定根直接附着柱体生长，或通过绳索、铁丝网等攀缘而上，形成垂直绿化景观。柱体形式主要有电线杆、灯柱、廊柱、高架公路立柱、立交桥立柱及大树的树干等。常见攀缘植物有五叶地锦、凌霄、金银花、络石、薜荔等。

（五）垂挂式

有些藤本植物不是向上攀缘，而是向下悬垂。这类植物可用于屋顶边沿、遮阳板或雨篷上、阳台或窗台上、大型建筑物室内走廊边、河岸、挡土墙、立交桥等，种植需设计种植槽、花台、花箱或进行盆栽（见图 3-83）。这种绿化形式景观动感较强，不妨碍墙面的质地与装饰效果的展示。常用植物有迎春、黄馨、常春藤、凌霄、五叶地锦、雀梅藤、络石、美国凌霄、炮仗花等。

图 3-83　垂挂式藤本绿化（蔡清 摄于洛阳伊尹公园）

二、设计方法

（一）明确藤本植物景观形式

藤本植物景观有线状、点状、面状三种景观形式。在进行藤本植物景观设计时，要根据场地现状、景观功能及观赏要求选择合适的藤本植物景观形式。藤本植物线状景观形式是将引导攀缘的依附物设计成纵向或横向线条形式，使藤本植物景观形成纵向形或横向形。这种景观具有明显的线状感，能够引导人的视线，并且在线状的植物缝隙之间实现景色的渗透。藤本植物点状景观形式是利用较小的依附物使藤本植物被限制在一定空间内，藤本绿化呈点状集中布置（见图 3-84）。这种景观具有明显的点特性，能够聚焦人的视线。藤本植物面状景观形式是将攀缘依附物设计成网状，使藤本植物向多方向生长，枝叶丰满后，网被枝叶覆盖，形成面状的绿化（见图 3-85）。

（二）藤本植物选择

攀缘植物多种多样，形态习性、观赏价值各有不同。因此，在设计应用时需根据具体景观功能、生态环境和观赏要求等做出不同选择。

（1）以绿化覆盖建筑物墙面、遮挡太阳光、降低室内温度为主要功能时，应选择枝叶茂密、喜光耐旱、攀缘附着能力强的大型攀缘植物，如地锦、五叶地锦、常春藤、紫藤等。

（2）以绿化观赏为主要功能时，则要选择具有较高观赏价值的攀缘植物，并注意与攀附的建筑、设施的色彩、风格、高低等配合协调，以取得较好的景观效果。如多花蔷薇、三角花、云实、凌霄、紫藤、木香、金银花等。

（3）以水土保持为主要功能时，则选择根系庞大、牢固的藤木植物覆盖地面。如常春藤、速铺扶芳藤等。

图 3-84　藤本植物点状景观(蔡清 摄于邢台园林博览会)

图 3-85　藤本植物面状景观(蔡清 摄于烟台蓬莱阁景区)

（4）在种植场地有限,不利于支柱结构设置的地方,则选择具有吸盘或气生根的植物。如爬山虎、五叶地锦、络石、扶芳藤、常春藤等。

● 理论思考及实训操作

1. 简述藤本植物景观的设计形式。

2. 简述藤本植物景观的特点及应用意义。

3. 选取一块场地,从藤本植物应用的角度对场地进行植物景观设计。

第八节　园林植物景观设计内容

二维码 3-14　园林
植物景观设计的内容

一、平面设计

(一)平面布局设计

植物景观平面设计切忌选取植物树种过多过杂,根据设计理念选取质地、色彩、外形等既有对比又能统一的植物素材,通常做到乔灌草结合、常绿与落叶结合、有突出色彩或外形的主要树种的 3~5 种植物类型最佳。

(二)林缘线设计

林缘线是植物空间所形成的边界,是树冠垂直投影在平面上的线。林缘线往往是闭合的。林缘线更多是在平面布局图当中应用,是植物空间划分的重要手段。林缘线设计中,要注意收合关系。自然式植物组团林缘线设计应流畅平滑、有进有退、曲折自然,从而形成大小不一的空间变化、忽远忽近的景深。另外,透视线的开辟、气氛的形成等都依靠林缘线设计。自然式植物景观的林缘线有半封闭与全封闭两种形式。半封闭林缘线形成开敞、半开敞及组合的植物空间。全封闭林缘线形成四周围合的植物空间(见图 3-86)。

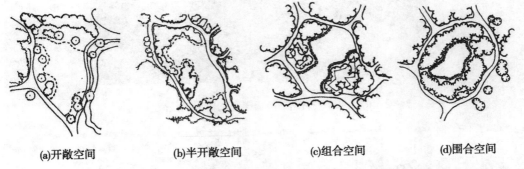

(a)开敞空间　　　(b)半开敞空间　　　(c)组合空间　　　(d)围合空间

图 3-86　林缘线围合的空间类型(引自《杭州园林植物配置专辑》杭州市园林管理局)

二、竖向设计

(一)竖向层次设计

所谓层次,是指系统在结构或功能方面的等级秩序。就植物层次而言,主要表现为平面层次与竖向层次两个方面。平面层次指植物前后的遮挡与进深关系。竖向层次指植物上下的高低关系。这里重点讨论植物的竖向层次设计。

植物的竖向层次设计不仅会形成丰富的植物景观层次结构,增添植物景观观赏效果,更具有生态保护意义。不同层次的竖向设计,会形成丰富的树冠层,从而形成多样的光线、郁闭度、湿度条件,这些差异性的树林环境可以有效促进区域内不同物种的生长和繁衍。

植物竖向层次有单层植物结构与复层植物结构之分。单层植物结构只种植一层植物,如乔木、灌木或草坪。复层植物结构大致分为上层结构、中层结构、下层结构,它们通过乔木、灌木、地被植物间的搭配组合而实现。通常大乔木用来营造空间,二层乔木用来形成视线的焦点,灌木与地被植物用来体现植物配置的风格。植物景观的竖向层次设计是多样的,应根据空间围合要求、场地特性、观赏效果确定植物景观竖向层次设计。对于复层植物结构的植物景观,要注意其是单面观赏还是多面观赏。单面观赏一般采用后高前低的配置手法,即上层结构在后,中层结构在中,下层结构在前的配置(见图 3-87)。多面观赏一般采用中间高、边缘低的配置手法,即上层结构在中间,中层结构与下层结构向边缘过渡,形成类似塔状的树群层次(见图 3-88)。

图 3-87　单面观赏(蔡清 摄于南阳恒大御景湾小区)

图 3-88　多面观赏(蔡清 摄于南阳恒大御景湾小区)

在植物平面图中,是不能反映出它的竖向效果的。就一个植物平面图而言,它可能有几种竖向效果(见图3-89)。在植物景观平面设计到竖向设计的转化过程中,常遵从骨架到细节,从上到下,从后到前的转化原则。以乔木+地被形式的两层竖向层次设计为例,首先,选择一种大乔木作为植物组团的骨架树种,依据平面图确定出骨架树种的位置。同时,要注意它们之间的大小与前后关系。然后,选择高度基本相同的低矮的灌木球或地被植物作为它的底层树种,从而形成了乔木+地被形式的两层竖向形式。

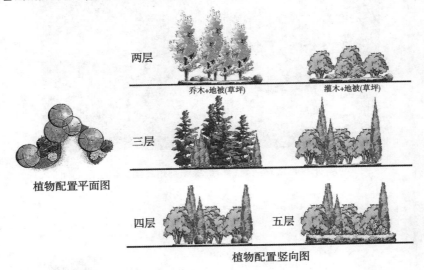

图3-89　同一植物景观配置的不同竖向效果(蔡清 绘制)

(二)林冠线设计

林冠线是指树丛、树群的树冠立面轮廓在天际线的投影。林冠线具有塑造植物全体景观,打破建筑群体的单调和僵硬感,烘托地形的高差起伏变化,丰富平地立面层次,营造景观空间感等作用。林冠线具有水平延展(见图3-90)、高低起伏两种形式(见图3-91)。不同起伏高度的林冠线会给人柔和、平静、飘逸、朴素、雄伟、壮观、跳动等不同的心理感受,可营造不同的园林环境氛围。例如烈士陵园中多采用等高、平直、单调的林冠线,以此烘托纪念碑的雄伟,以及营造安静、稳定的环境氛围。林冠线的设计不能片面地只考虑树木的林冠线形式,还要充分考虑周围建筑、山体等环境因素,使林冠线与周围环境相协调,从而形成优美的天际线。

三、季相设计

季相是指植物在生长过程中,形态特征随气候变化而发生周期性的变化,如萌发、展叶、开花、结果、落叶、休眠等。植物作为生命体,它能够随四季更替,表现出不同的季相特征,如春季繁花似锦;夏季绿树成荫;秋季红叶醉人,硕果累累;冬季白雪皑皑,枝干遒劲。因此,在园林植物景观设计中要注重植物的季相变化。对于一个大型园林项目,可以采用分区或分段的植物配置方法,或利用主题园的形式来展现时序景观,如建春园种植春花类植物,玉兰、海棠、丁香、碧桃、迎春等,展现五彩斑斓的春季美景。对于一个小型场地的植

图 3-90　水平延展林冠线(蔡清 摄于荆州三国文化主题公园)

图 3-91　高低起伏林冠线(蔡清 摄于太原晋祠)

物景观设计,可应用不同花期的植物种类,使得同一地点在不同时期产生具有鲜明特色的季相景观,同时力求做到"四季有花,终年有景"。

● 理论思考、实训操作及价值感悟

1. 简要阐述植物景观设计的内容及要点。

2. 绘制一个植物组团平面图,将其转化成不同层次的竖向设计。

3. 分析植物景观的季相之美,感悟生命之美。

第四章　园林植物景观设计程序

　　设计程序是设计任务的开始到结束,是一个从宏观到微观、由浅入深、由概括到具体的完整的过程。一般而言,园林植物景观设计程序可以划分为现状调查与分析、初步设计、详细设计、施工图设计共四个阶段。每一个阶段有各自要解决的问题,形成相互关联、逐级指导、层层递进的关系。

　　这里需要强调的是,不同尺度的园林植物景观设计,有着不同的设计思路与方法。大尺度的植物景观一定要从宏观整体进行控制、进行规划,然后进行逐步深入,最后进入详细设计阶段。小尺度的植物景观,尤其是具有较强装饰性的植物景观设计,需要考量更多的细节。这类景观的主体植物通常是以花草花卉、草坪和地被植物以及花灌木为主,大乔木的用量较少。一般可以从方案设计直接进入植物景观的详细设计,而不再需要进行植物景观的初步设计。因此,设计师应根据项目方案设计规模、难易程度等具体情况,合理选择园林植物景观设计程序的步骤。

第一节　现状调查与分析

一、获取项目信息

(一)了解甲方对项目的要求

　　方式一:通过与甲方交流,了解委托人对于植物景观的具体要求、喜好、预期的效果,以及工期、造价等相关内容。这种方式可以通过对话或问卷的形式获得。

　　方式二:通过设计招标文件,掌握设计项目对于植物的具体要求,相关技术指标(如绿化率等),以及整个项目的目标定位、实施意义、服务对象、工期、造价等内容。

　　1. 公共绿地(如公园、广场、居住区游园等绿地)的植物配置

　　(1)绿地的属性:所在位置、设计范围、使用功能、所属单位、管理部门、是否向公众开放等。

　　(2)绿地的使用情况:使用的人群、主要开展的活动、主要使用时间等。

　　(3)甲方对该绿地的期望及需求。

　　(4)工程期限、造价。

　　(5)主要参数和指标:绿地率、绿化覆盖率、绿视率、植物数量和规格等。

　　(6)有无特殊要求:如观赏、功能等方面。

　　2. 私人庭院的植物配置

　　(1)家庭情况:家庭成员及其年龄、职业等。

　　(2)甲方的喜好:喜欢(或不喜欢)何种颜色、风格、材质、图案等,喜欢(或不喜欢)何种植物,喜欢(或不喜欢)何种植物景观等。

（3）甲方的爱好：是否喜欢户外运动、喜欢何种休闲活动，是否喜欢园艺活动，是否喜欢晒太阳等。

（4）空间的使用：主要开展的活动、使用的时间等。

（5）甲方的生活方式：是否有晨练的习惯，是否经常举行家庭聚会，是否饲养宠物等。

（6）甲方后期养护管理水平及精力。

（7）工程期限、造价。

（8）特殊需求。

（二）获取图纸资料

在该阶段，甲方应该向设计师提供基地的测绘图、规划图、现状树木分布位置图及地下管线图等现状图纸（见图 4-1），设计师根据图纸确定以后可能的栽植空间及栽植方式，根据具体的情况和要求进行植物景观的规划和设计。

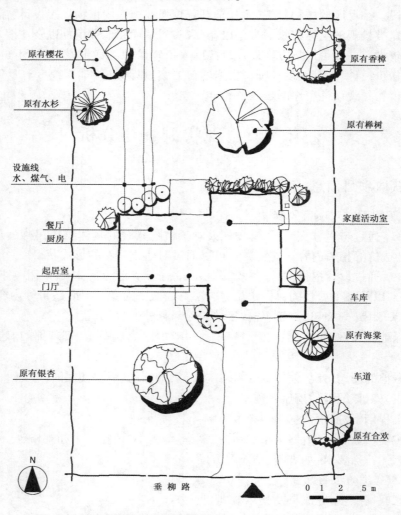

图 4-1　某庭院现状（引自"植物前沿"公众号 符文君 仿绘）

从测绘图纸或者规划图纸中设计师可以获取的信息有：设计范围(红线范围、坐标数字)与面积；园址范围内的地形、标高；现有或者拟建的建筑物、构筑物、道路等设施的位置以及保留利用、改造和拆迁等情况；周围工矿企业、居住区的名称及今后发展状况，道路交通状况等。

(三) 获取基地其他的信息

1. 自然状况

水文、地质、地形、气象等方面的资料，包括地下水位，河流、湖泊、水渠情况，年与月降水量、年最高和最低温度及其分布时间、年最高和最低湿度及其分布时间、光照、主导风向、最大风力、风速、土壤类型、地形标高走向及冰冻线深度等。

2. 植物状况

场地现有植物情况、地带性植被类型、地区内乡土植物种类、群落组成、引种植物情况及当地绿化情况等。

3. 人文历史资料调查

地区性质、历史文物、当地的风俗习惯、传说故事、居民人口和民族构成等。这些资料是设计构思的源泉，能够影响或指导设计师对植物的选择、造景的创造。

在这个阶段所收集资料的深度和广度将直接影响后期的分析与决定，因此必须注意多方收集资料，尽量详细、深入地了解与项目基地环境植物景观规划相关的内容，以求全面地掌握可能影响植物景观设计的各方面因素。

(四) 收集相邻同类型项目资料

根据项目情况，收集与该项目相关的信息资料，包括同类型、同领域项目的规模情况和发展态势，从中获取经验并借鉴可用信息。

二、现场调查与测绘

(一) 现场踏勘

设计师在拿到甲方提供的相关资料后，无论设计项目面积大小、项目难易，设计者都必须认真地进行现场踏勘。一方面，通过现场踏勘核对所收集的资料，并通过实测对欠缺的资料进行补充。另一方面，对设计的可行性进行评估。通过现场踏勘可以更好地了解场地的周围环境条件，从而进入艺术构思阶段，做到"佳者收之，俗者屏之"，发现并记录可利用、可借景的景物和不利或影响景观的物体，可以在规划过程中及时加以适当处理。这里需要强调的是，面积较大、场地情况较复杂的设计项目，必要的时候，踏勘工作要进行多次，且不同的地区踏勘调查的重点可有所不同。为了防止在现场踏勘过程中出现遗漏，设计师可提前将踏勘内容绘制成表格，按规定内容进行调查和填写。一般情况下，针对以下内容进行现场踏勘。

1. 自然条件

温度、风(风向、风速)、光照(全日照、半日照、全遮阴、光照方向、光照时长)、水分、植被及群落构成、土壤(类型、肥力、结构、酸碱度)、地形地势(地形标高、走向)、小气候、现状植物(种类、树龄、种植位置、生长状况)、水体(水源类型、分布密度、所在地点、面积、水渠)等。

2. 人工设施

现有道路系统(各级街道、停车场)、桥梁、建筑(位置、风格、体量、门窗位置、尺度)、构筑物、管线(电缆线、通信线、地下管道、排水沟渠)、市政设施(消防栓、路灯)等。

3. 环境条件

范围边界、周围的设施、道路交通情况、污染源及其类型、人居情况、人员密度、人员活动情况等。

4. 视觉质量

现有的设施、环境景观、视域与视线关系、可能的主要观赏点等。

(二) 现场校正与测绘

设计人员在拿到甲方提供的基地测绘图后要进行现场校正。在踏勘过程中注意图纸与实地的对照关系,建立对应关系,以实地调查的情况为准,通过文字记载与符号标识相结合,校正基地测绘图上的信息,绘制现场踏勘现状图(见图4-2)。标识符号应简明、清晰,必要时应对现场进行拍照记录,为后期总体规划提供图像参考。

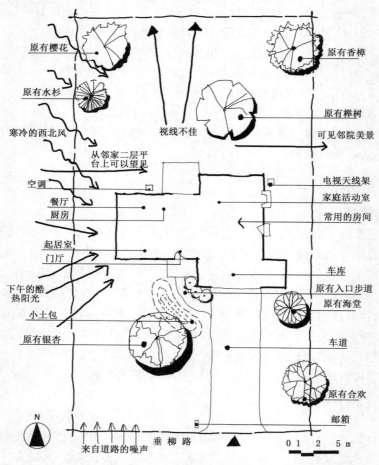

图 4-2　某庭院现场踏勘现状图(引自"植物前沿"公众号 符文君 仿绘)

　　如果甲方无法提供准确的基地测绘图,设计师就需要进行现场实测,并根据实测结果绘制基地现状图。基地现状图中应该包含基地中现存的所有元素,如建筑、构筑物、道路、铺装、植物等。需要特别注意的是,场地中的植物,尤其是需要保留的有价值的植物,它们的胸径、冠幅、高度等也需要进行测量并记录。如果场地中某些设施需要拆除或者移走,设计师最好再绘制一张基地设计条件图,即在图纸上仅标注基地中保留下来的元素。

三、分析评价

(一)现状分析的内容

　　现状分析是设计的基础和依据,植物与基地环境的联系尤为密切,基地的现状对植物的选择、生长及植物景观的塑造、植物功能发挥等具有重要的影响。对园林植物景观设计而言,凡是与植物相关的因素都应该在现状分析中有所考虑,通常包括自然条件分析(气候、光照、风、植物、地形、水文、土壤等)、景观定位分析、环境条件分析、视觉质量分析、服务对象分析、经济技术指标分析等多个方面。现状分析多采用叠图法(见图4-3)进行,即将不同方面的分析结果分别标注在不同的图层上,通过图层叠加进行综合分析和评价,并绘制基地的综合分析图。

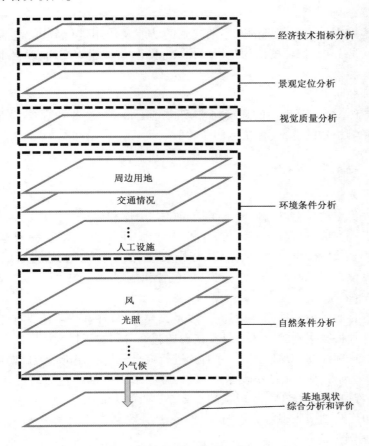

图 4-3　叠图法(刘惠珂 绘制)

现状分析主要涉及以下几个方面。

1. 自然条件分析

1）小气候

小气候也称微气候，是指基地中特有的气候条件，即较小区域内的温度、光照、水分、风力等的综合反映。

2）光照

光照是影响植物生长和人活动的一个重要的因子。日照分析中要对日照的年变化规律、日变化规律、太阳高度角、太阳方位角、场地内光照分布状况、阴影情况进行分析。

3）风

风有风向和风频两个因素。风向玫瑰图是根据某地风向观测资料绘制出形似玫瑰花的图形，用以表示风向的频率。

4）植物

充分分析场地内现有植物位置、树龄、体量、生长状况、文化价值等情况，并从建设经费和景观需求量方面考虑现存植物的保留规划。一般原则上应对现存植物尽量加以利用，不仅有利于节约经济，而且有利于生态环境保护。

2. 景观定位分析

针对项目地域中植物所起到的或预期起到的功能及作用进行分析，包括植物审美分析及植物景观功能分析，如种植植物是用以护坡、水土保持、组织交通、改善小气候或设置屏障。

3. 环境条件分析

（1）人工设施。包括基地内的建筑物、构筑物、道路、铺装、各种管线、人工光照等，这些设施往往会影响植物的选择、种植点的位置等。

（2）交通情况。

（3）周边用地情况。

4. 视觉质量分析

视觉质量评价也就是对基地内外的植被、水体、山体和建筑等组成的景观从形式、历史文化及其特点等方面进行分析和评价，并将景观的平面位置、标高、视域范围以及评价结果记录在调查表或者图纸中，以便做到"佳则收之，俗则屏之"。通过视线分析还可以确定今后观赏点位置，从而确定需要"造景"的位置和范围。

（二）现状分析图

现状分析的目的是更好地指导设计，所以不仅要有分析的内容，还要有分析的结论和解决方案。设计师将收集到的全部资料及在现场调查得到的资料利用圆圈或特殊的符号或图文结合的形式标注在基地底图上，并对其进行综合分析和评价形成的图纸，即现状分析图（见图4-4）。对于现状条件不复杂的项目，可以采用一张综合性的现状分析图完成对场地的分析，若项目场地较大，且现状条件复杂，则可以从光照、地形、小气候、植物、周围环境等不同角度绘制多张现状分析图。

（三）对标案例分析

选择两三个与本项目案例相似的成功案例，进行分析解读，对每个案例提出可借鉴之

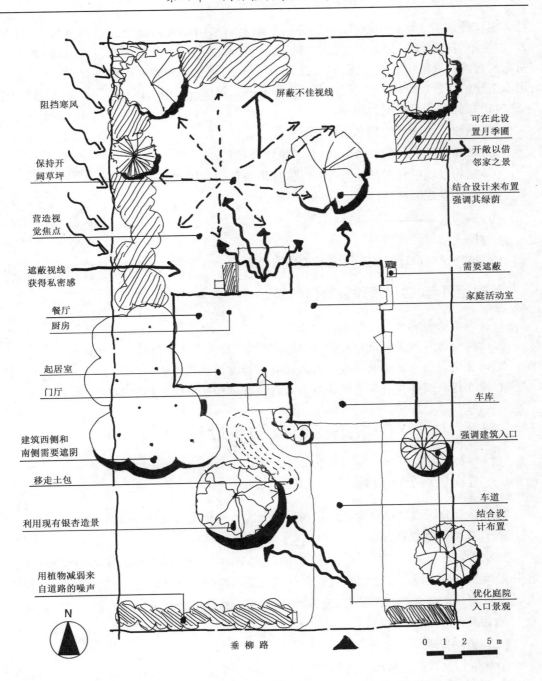

图 4-4　某庭院现状分析图(引自"植物前沿"公众号　符文君 仿绘)

处,包括设计风格、设计手法、植物配置方式、可持续性管理等。

四、编制设计意向书

园林植物景观设计是园林方案总体设计中的一个重要专项设计,需要在充分理解园林方案设计意图、风格、主题、功能划分的基础上将植物要素的设计表达的更科学、更艺术、更便于工程施工。因此,对基地资料分析、研究之后,结合园林方案设计,设计者应从植物元素的角度提出立意主题、愿景、目标等具有指导性和宏观性的设计导向,并制定出用以指导植物景观设计的计划书,即设计意向书。设计意向书可以从以下几个方面入手:

(1)植物景观设计的原则和依据。

(2)植物景观设计的理念、设计构思等。

(3)植物景观设计的种植形式、艺术风格与特色。

(4)植物景观设计对基地条件及外围环境条件的利用和处理方法。

(5)植物景观树种选择原则。

(6)植物景观设计投资概算。

(7)植物景观设计预期的目标。

(8)植物景观设计时需要注意的关键问题等。

● 理论思考、实训操作及价值感悟

1.请简述现状调查的内容。

2.请对庭院案例素材进行分析,阐述如何根据业主需求进行植物景观设计。

3.请尝试讨论自然现状调查与人文调查对后期设计的影响。

4.请在现状调查分析中感悟实事求是精神对植物景观设计的重要性。

第二节　初步设计

一、植物景观分区设计

植物景观分区设计可分为植物景观景色分区与植物景观功能分区两种方式。

(一)植物景观景色分区

植物景观景色分区多用于旅游区、公园等大型项目。依据当地植物资源的优势进行植物景观景色分区设计。植物景观景色分区可选用植物的自然季相、植物文化特色、植物与其他景观元素结合的特色等方式。如植物季相为特色的分区——“柳岸春晓”“曲院风荷”“秋香秋色”“冬枝冬花”。

(二)植物景观功能分区

园林植物景观设计是园林方案总体设计中的一个重要专项设计。在进行园林植物景观初步设计前,设计师要充分理解项目设计方案,明确项目方案的主要功能空间,明确每一种功能区域所在位置及所需的面积,明确每一功能区表达的主题,确定各个功能区之间的联系与分隔关系,分析各个功能区服务对象,确定空间类型、风景视线、主要焦点等。在此基础上,设计师根据植物景观设计意向书,进行植物景观功能分区设计,绘制植物景观功能分区草图(见图 4-5)。通常设计师利用圆圈或其他抽象的符号表示植物的功能分

区，以圆圈代表植物的种植区位置、大致的种植面积。

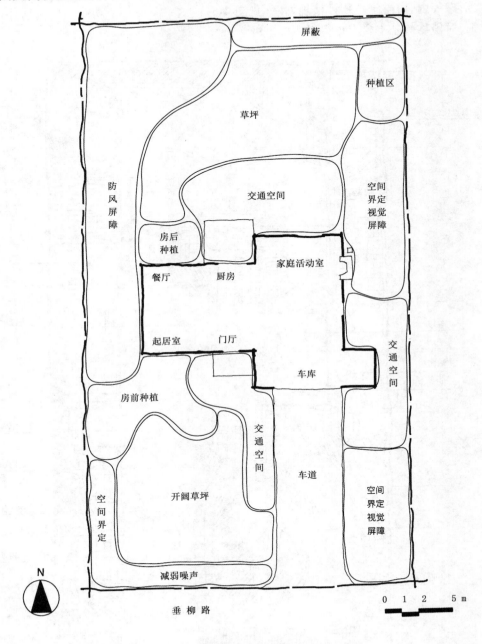

图 4-5　某庭院植物景观功能分区草图（符文君 绘制）

二、植物景观功能分区细化

(一) 程序和方法

结合现状分析，在植物景观功能分区草图的基础上，将各个功能分区继续以抽象、简单图示的形式分解为若干不同的区段,并确定各区段内植物的种植形式、类型、大小、高度、形态等内容,绘制植物种植规划图(见图4-6)。这一阶段每个功能区块被划分得更为详细,对植物的基本要求也得以明确。

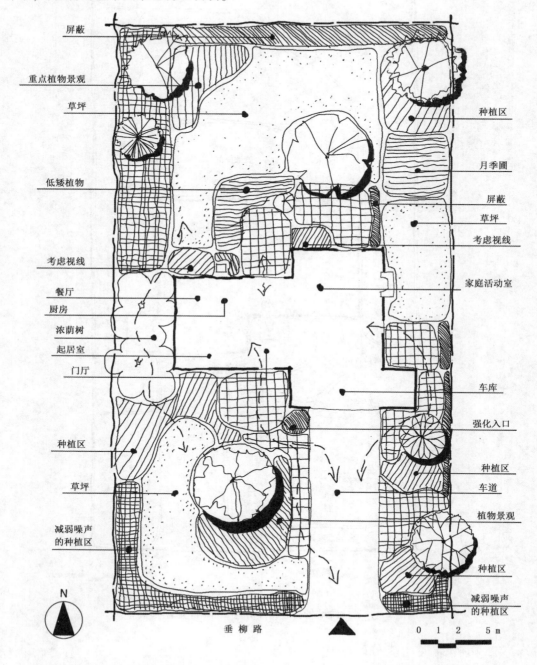

屏蔽

重点植物景观

草坪

低矮植物

考虑视线

餐厅

厨房

浓荫树

起居室

门厅

种植区

草坪

减弱噪声的种植区

种植区

月季圃

屏蔽

草坪

考虑视线

家庭活动室

车库

强化入口

种植区

车道

植物景观

种植区

减弱噪声的种植区

N

垂柳路

0　1　2　　5 m

图 4-6　某庭院植物种植规划图(引自"植物前沿"公众号 符文君 仿绘)

(二)具体步骤

(1)确定种植范围。用图线标出各种植物种植区域和面积,并注意各个区域之间的联系和过渡。

(2)确定植物的角色。植物角色包括观赏角色与功能角色。观赏角色要明确配置的地块需要植物做主景还是配景。主景树通常会选择枝干优美、色叶变化的树种,例如银杏、五角枫、榉树、朴树等。主景树的常用方式有孤植树、三五棵树丛作为视觉中心。配景植物通常根据不同空间的需要,分隔或围合空间。常用方式有群植、多树丛植作为背景林。功能角色要明确植物在设计中的作用,如水土保持、消减噪声等。

(3)明确植物围合空间类型。根据场地功能、景观特色、空间序列、空间过渡关系等,明确需要植物围合的空间类型,如小型休息场地,宁静、私密性是其需要,因此用植物围合封闭性空间。

(4)确定植物的类型。根据植物种植分区规划图选择植物类型,将植物当作群体进行设计,只需确定是常绿的还是落叶的,是乔木、灌木、藤本、地被、竹类、花境、草坪、绿篱中的哪一类,无需确定具体选择何种植物。

(5)分析植物组合效果。主要是明确植物的规格,重点分析植物单元间在色彩、体量、质地、植物的层次组合等方面的相互关系。通过绘制平面图分析植物组合的林缘线设计是否流畅、自然,是否与周边元素及空间边界相协调。通过绘制立面图分析植物高度组合,一方面可以判定这种组合是否能够形成优美、流畅的林冠线;另一方面也可以判断这种组合是否能够满足功能需求,如私密性、防风等。同时,结合植物景观立面效果推敲植物景观的平面设计。为了获得良好的视觉效果,应考虑到不同方向和视点的视觉效果。

(6)选择植物的颜色和质地。在分析植物组合效果的时候,可以适当考虑植物的颜色和质地的搭配,以便在下一环节能够选择适宜的植物。

● 理论思考与实训操作

1.请选取某一方案,对其植物景观的初步设计进行分析评价。

2.请阐述植物景观设计初步设计的要点。

第三节　详细设计

园林植物景观详细设计是在园林植物景观初步设计的基础上进行的植物景观设计细节深化。通过园林植物景观详细设计达到满足指导施工图设计的深度要求和环境工程的概算要求。

一、设计程序

(一)确定主景树

主景树是场地中主要的植物景观观赏点,是游览者视线的焦点。一般采用孤植树或小型植物组团作为场地主景树。主景树构成整个景观的骨架和主体,所以首先需要确定主景树的位置、名称规格和外观形态,这并非最终的结果,在深化调整阶段可以再进行推敲。

（二）确定主调树种、配调树种、基调树种

主景树一经确定，接下来就要确定主调树种、配调树种、基调树种。主调树种即骨干树种，自始至终贯穿整个风景序列，能表现地方特色和城市风貌的树种。配调树种即风景序列中的小点缀，可以有较大的变化。基调树种即各类园林绿地中应用频率高、使用数量大，能形成全城统一的树种，应选用乡土树种。主调树种、配调树种、基调树种三者的关系表现在对植物景观的主导作用逐渐减弱，植物数量逐渐增多。

（三）选择其他植物

根据现状分析按照基地分区以及植物的功能要求来选择配置其他植物，并绘制植物种植初步设计图（见图 4-7）。

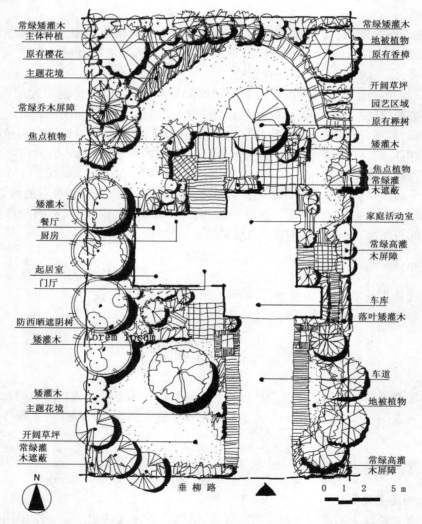

图 4-7　某庭院植物种植初步设计图（引自"植物前沿"公众号　符文君　仿绘）

(四)深化调整

深化调整阶段应在植物种植初步设计图的基础上对植物景观进行深度推敲、调整。要在参考植物景观相关设计规范及技术规范要求的基础上,从植物的形状、色彩、质感、季相变化、生长速度、生长习性等多个方面进行综合分析,以满足设计方案中的各种要求。首先,核对每一区域的现状条件与所选植物的生态特性是否匹配,是否做到了"适地适树"。其次,从平面构图角度分析植物种植方式是否合适。然后,从景观构成角度分析所选植物是否满足观赏的需要,植物与其他构景元素是否协调,植物密度是否合理,这些方面最好结合立面图或效果图来分析。最后,进行图面的修改和调整,完成最终植物种植设计详图(见图4-8),并填写植物表,编写设计说明。

二、设计方法

(一)植物品种选择

在选择植物时,应该综合考虑各种因素:基地自然条件(光照、水分、温度、土壤、风等);植物的生态习性与生长速度;植物的观赏特性(形状、色彩、质感、季相变化);使用功能;当地的民俗习惯、人们的喜好;设计主题和环境特点;项目造价;苗木来源;后期养护管理等。

这里需要强调的是,在植物品种选择时,如果有从当地植物种群以外引入外来品种,要注意评估引入植物种类对项目地域环境的影响。一定要考察新引入的植物种类对项目区域生物多样性的冲击、对区域内洪水灌溉的要求,一定要评估其是否为入侵种,以免因入侵种迅速扩张、占领土地,从而干扰当地植物种群的自然演化。

(二)植物规格

植物规格与植物的年龄密切相关,如果没有特别的要求,施工时栽植幼苗,以保证植物的成活率和降低工程成本。但在详细设计中,却不能按照幼苗规格配置,而应该按照成龄植物(成熟度75%~100%)的规格加以考虑,图纸中的植物图例也要按照成龄苗木的规格绘制。绘制成年树冠幅一般可大致分为以下几种规格:大乔木8~12 m,中乔木6~8 m,小乔木3~5 m;大灌木3~4 m,中灌木1~2.5 m,小灌木0.3~1.0 m。如果栽植规格与图中绘制规格不符,应在图纸中给出说明。在图中要标注清楚植物种植点的位置,以便后期施工放点种植。

(三)植物栽植空间与密度

栽植需要一个最基本的土壤空间,即树木泥球所需的树池深度与直径。同时,还需要一个略大于树木正常生长所需的空间。

植物栽植密度就是植物种植间距的大小,直接影响到植物景观功能的发挥。植物种植间距由植株成熟度大小确定。在实际操作过程中,可以根据植物生长速度的快慢适当调整,但决不能随意加大栽植密度。为了较快取得近期效果,可计划密植,到一定时期后再进行疏植,从而达到园林植物合理的生长密度。

要想获得理想的植物景观效果,应该在满足植物生长的前提下,保证植物成熟后相互搭接,形成植物组团。植物组团与组团之间的配合,也应在视觉上相互衔接,尽量消除植物组团之间的空隙,使其统一、连贯、协调。这就要求设计师对乔木、灌木成年期的冠幅有

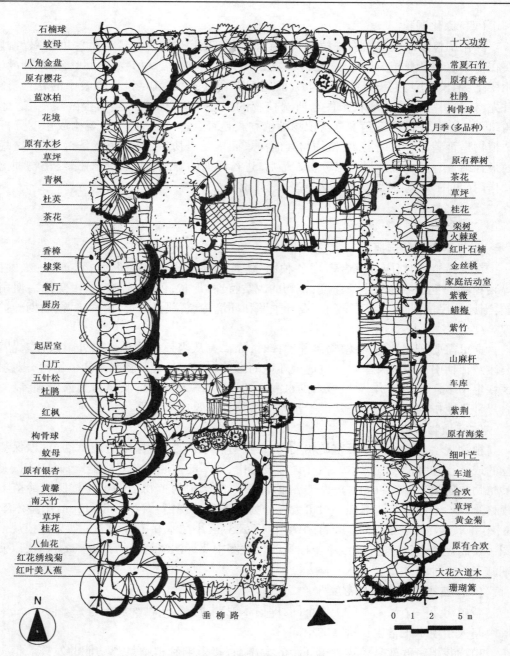

石楠球
蚊母
八角金盘
原有樱花
蓝冰柏
花境
原有水杉
草坪
青枫
杜英
茶花
香樟
棣棠
餐厅
厨房
起居室
门厅
五针松
杜鹃
红枫
枸骨球
蚊母
原有银杏
黄馨
南天竹
草坪
桂花
八仙花
红花绣线菊
红叶美人蕉

十大功劳
常夏石竹
原有香樟
杜鹃
枸骨球
月季(多品种)
原有榉树
茶花
草坪
桂花
栾树
火棘球
红叶石楠
金丝桃
家庭活动室
紫薇
蜡梅
紫竹
山麻杆
车库
紫荆
原有海棠
细叶芒
车道
合欢
草坪
黄金菊
原有合欢
大花六道木
珊瑚篱

N

垂柳路

0 1 2 　5m

图 4-8　某庭院植物种植设计详图(引自"植物前沿"公众号 符文君 仿绘)

准确的把握。

(四)满足技术要求

植物景观设计必须参考相关设计规范、技术范围的要求(见表 4-1~表 4-4)。

表4-1　绿化植物栽植间距

名称		下限(中-中)/m	上限(中-中)/m
一行行道树		4.0	6.0
双行行道树		3.0	5.0
乔木群植		2.0	—
乔木与灌木混植		0.5	
灌木群植	大灌木	1.0	3.0
	中灌木	0.75	2.0
	小灌木	0.3	0.5

注:摘自《居住区环境景观设计导则》,2006。

表4-2　绿化植物与管线的最小间距

管线	最小间距/m	
	乔木(至中心)	灌木(至中心)
给水管	1.5	不限
污水管、雨水管、探井	1.0	不限
煤气管、探井、热力管(沟)	1.5	1.5
电力电缆、电信电缆	1.5	1.0
地上杆柱(中心)	2.0	不限
消防龙头	2.0	1.2

注:摘自《居住区环境景观设计导则》,2006。

表4-3　绿化植物与建筑物、构筑物最小间距

建筑物、构筑物名称		最小间距	
		乔木(至中心)	灌木(至中心)
建筑物	有窗	3.0~5.0	1.5
	无窗	2.0	1.5
挡土墙顶内和墙角外		2.0	0.5
围墙		2.0	1.0
铁路中心线		5.0	3.5
道路(人行道)路面边缘		0.75	0.5
排水沟边缘		1.0	0.5
体育用场地		3.0	3.0

注:摘自《居住区环境景观设计导则》。

表 4-4　道路交叉口植物种植规定

交叉道口类型	非植树区最小尺度/m
行车速度≤40 km/h	30
行车速度≤25 km/h	14
机动车与非机动车道交叉路口	10
机动车道与铁路交叉口	50

注:摘自《居住区环境景观设计导则》。

● 理论思考与实训操作

1. 请选取某一方案,对其植物景观的详细设计进行分析。

2. 请阐述植物景观设计详细设计的要点。

第四节　施工图设计

园林植物景观施工设计是植物景观设计的最后一个阶段的落地性植物元素设计。这个阶段的设计以诠释设计意图、细化和具体化植物种类、绘制植物种植施工图、提出施工要求为主要内容。施工图绘制具体方法见本章第五节。

第五节　园林植物景观设计图纸

园林植物景观设计图纸是植物景观施工的依据,它以更加形象和精准的方式呈现园林植物的种植设计,使园林种植功能有计划、有秩序地进行。

一、园林植物景观表现

2010 年中华人民共和国住房和城乡建设部与中华人民共和国国家质量监督检验检疫总局联合发布的《总图制图标准》(GB/T 50103—2010)对园林景观绿化图例进行了规定(见表 4-5);2015 年中华人民共和国住房和城乡建设部发布实施的《风景园林制图标准》(CJJ/T 67—2015)在第四部分对初步设计和施工图设计图纸的植物图例做了规定和说明(见表 4-6)。

(一)平面

不同类型的植物有不同的平面表现方式,一般乔灌木以圆形表示树冠大小,以圆心或过圆心的十字线表示种植点的位置。草坪、地被及水生植物等用不同肌理的块状图案进行表示,在平面图纸上表示该类植物的种植位置与面积。需要强调的是,《风景园林制图标准》(CJJ/T 67—2015)中所列举的图例是某种类型植物的表示方式,并不是一种具体植物的表示方式。在实际园林图纸绘制中,应在满足《风景园林制图标准》(CJJ/T 67—2015)有关图例绘制规定的基础上,自行创作、绘制具体的平面图例,以满足园林图纸绘制植物多样性的需要。如草坪图例就可以有多种表示方法(见图4-9)。

表 4-5 园林景观绿化图例

序号	名称	图例	说明
1	常绿针叶乔木		—
2	落叶针叶乔木		—
3	常绿阔叶乔木		—
4	落叶阔叶乔木		—
5	常绿阔叶灌木		—
6	落叶阔叶灌木		—
7	落叶阔叶乔木林		—
8	常绿阔叶乔木林		—
9	常绿针叶乔木林		—
10	落叶针叶乔木林		—
11	针阔混交林		—

续表 4-5

序号	名称	图例	说明
12	落叶灌木林		—
13	整形绿篱		
14	草坪	1.	1. 草坪
		2.	2. 表示自然草坪
		3.	3. 表示人工草坪
15	花卉		—
16	竹丛		—
17	棕榈植物		—
18	水生植物		—

注:摘自《总图制图标准》(GB/T 50103—2010)。

表 4-6　初步设计和施工图设计图纸植物图例

序号	名称	图形			图形大小
		单株		群植	
		设计	现状		
1	常绿针叶乔木			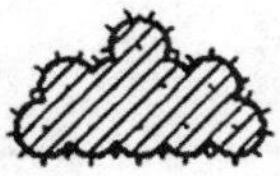	乔木单株冠幅宜按实际冠幅为 3~6 m 绘制,灌木单株冠幅宜按实际冠幅为 1.5~3 m 绘制,可根据植物合理冠幅选择大小
2	常绿阔叶乔木				
3	落叶阔叶乔木	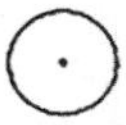			
4	常绿针叶灌木			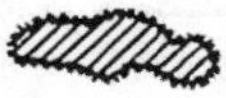	
5	常绿阔叶灌木			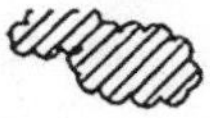	
6	落叶阔叶灌木	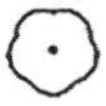			
7	竹类		—		单株为示意,群植范围按实际分布情况绘制,在其中示意单株图例
8	地被	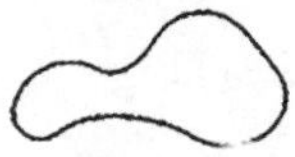			按照实际范围绘制
9	绿篱	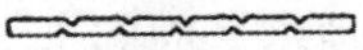			

注:摘自《风景园林制图标准》(GJJ/T 67—2015)。

(二)立面

　　树木立面的表现对于园林景观立面图、效果图的表现具有重要作用。树木的立面能够体现树木的高度、树干的分枝类型、分枝高度以及树冠的形态特征。树木的立面可以通过多种手法进行表现(见图 4-10)。

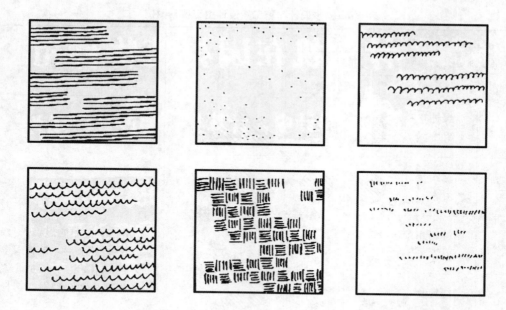

图 4-9　草坪图例的多种表示方法（引自《种植设计》芦建国）

（三）树木平面、立面的统一

树木在平面、立（剖）面图中的表示方法应相同，表现手法和风格应一致。树木的平面冠径与立面冠幅相等、平面与立面对应、树干的位置处于树冠圆的圆心。

二、园林植物景观设计图纸的分类

（一）按照表现内容及形式进行分类

1. 平面图

平面图是按照一定比例在园林要素的水平方向进行正投影面产生的视图，即平面投影图（H 面投影），用以表现植物的布局形式、种植位置、规格、数量及种植类型等。平面图中以成龄后树木的冠幅绘制树冠大小（见图 4-11）。

2. 立面图

立面图以平面图为基础进行绘制，是场地水平面的垂直面上的正投影方向的视图，有正立面投影（V 面投影）或者侧立面投影（W 面投影），用以展现植物景观的竖向设计，表现植物的立面形态，以及植物之间的水平距离和垂直高度（见图 4-12）。要注意与平面图的一致性。在立面图上加绘阴影能更好地表示出植物景观的前后层次关系。

3. 剖面图和断面图

用一个假定的铅垂面对整个植物景观或某一局部进行竖向剖切，以剖切面为界限，如果绘制人的视线能够看到的剖切断面及剖切断面之后部分的投影，则称为剖面图（见图 4-13）。如果仅绘制剖切断面的投影，则称为断面图（见图 4-14）。剖面图和断面图用以展现植物景观的竖向设计，表现植物景观的立面形态、相对位置、垂直高度，以及植物与

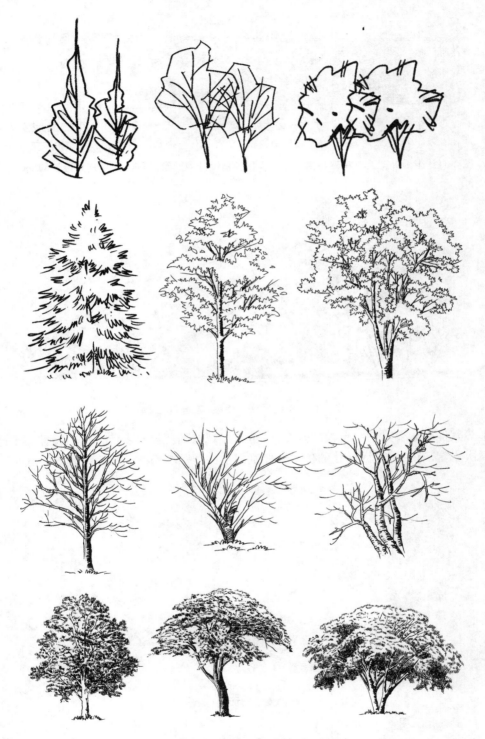

图 4-10　树木的立面表现(张献丰 绘制)

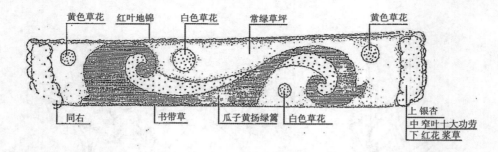

黄色草花　　红叶地锦　　白色草花　　　常绿草坪　　　　黄色草花

同右　　　　书带草　　　瓜子黄扬绿篱　　白色草花　　　上 银杏
　　　　　　　　　　　　　　　　　　　　　　　　　　　中 窄叶十大功劳
　　　　　　　　　　　　　　　　　　　　　　　　　　　下 红花 浆草

图 4-11　上海外滩北京东路—南京东路绿化种植设计平面图(引自《园林规划设计》胡长龙)

图 4-12　植物景观立面图(姜晧阳 绘制)

地形等其他构景要素的组合情况。因此,植物景观的剖切位置多选择在植物种类多样、景观层次丰富、有一定立面变化的位置。要确保剖面图和断面图与平面图具有一致性。

图 4-13　植物景观剖面图(姜晧阳 绘制)

4. 透视效果图

透视包括一点透视、两点透视、三点透视。透视效果图用以表现植物景观的立体观赏

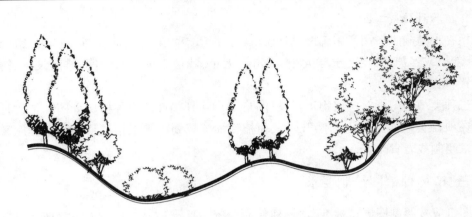

图 4-14　植物景观断面图（姜晧阳 绘制）

效果,不追求尺寸、位置的精确,重在艺术地表现设计者的意图,分为总体鸟瞰图和局部透视效果图两种。但也不能一味追求图面效果,不可同施工图出入太大(见图 4-15)。

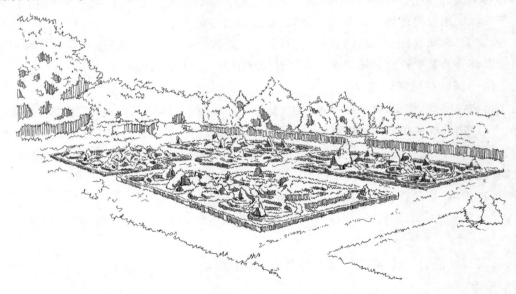

图 4-15　植物景观透视效果图（康晓强 绘制）

（二）按照对应设计环节进行分类

1. 植物种植规划图

植物种植规划图应用于初步设计阶段,利用大小不同圈状图形绘制植物组团种植范围,只区分植物的类型,如常绿、阔叶、花卉、草坪、地被等。

2. 植物种植设计图

植物种植设计图用于详细设计阶段,利用图例确定植物种类、植物种植点的具体位置、植物规格和种植形式等。除了植物种植平面图,往往还需要绘制植物群落剖面图、断面图或效果图。

3. 植物种植施工图

植物种植施工图用于施工图设计阶段,标注植物种植点坐标、标高,确定植物的种类、规格、栽植或养护的要求(土球大小、种植穴大小、栽植土种类与深度、排灌设施、树木固定装置)等。

三种类型的图纸对应植物景观设计的三个不同环节,植物种植设计图和植物种植施工图在项目实施过程中是必不可少的,而植物种植规划图则根据项目的难易程度和甲方的要求绘制或者省略。

三、植物种植图绘制要求

图纸应按照制图国家标准《房屋建筑制图统一标准》(GB/T 50001—2020)、《总图制图标准》(GB/T 50103—2020)、《建筑制图标准》(GB/T 50104—2017)及《风景园林制图标准》(CJJ/T 67—2015)规范绘制。图纸、图线、图例、标注等应符合规范要求。图纸制图内容要全面,标准的植物种植平面图中必须注明图名,绘制指北针、比例尺(有文字比例尺与线段比例尺两种形式),列出图例表,并添加必要的文字说明。图面整洁、工整,线条流畅、优美,布局合理、规范,内容科学、齐全。另外,绘制时要注意图纸表述的精度和深度对应设计环节及甲方的具体要求。不同设计环节种植图具体绘制要求如下。

(一)植物种植规划图

植物种植规划图的目的在于表示植物分区和布局的大体状况,一般不需要明确标注每一株植物的规格和具体种植点的位置。植物种植规划图只需要绘制出植物组团的轮廓线,并利用图例或者符号区分出常绿针叶植物、阔叶植物、花卉、草坪、地被等植物类型。植物种植规划图绘制应包含以下内容:

(1)图名、指北针、比例、比例尺。

(2)图例表:包括序号、图例、图例名称(常绿针叶植物、阔叶植物、花草地被等)、备注。

(3)设计说明:植物配置的总体构思、设计依据、造景原则、植物种类选择、造景方法和形式等。

(4)植物种植规划平面图:绘制植物组团的平面投影,并区分植物的类型。

(5)植物群落效果图、立面图、剖面图或者断面图等。

(二)植物种植设计图

植物种植设计图除包含植物种植平面图外,往往还要绘制植物群落剖面图、断面图或效果图。植物种植设计图绘制应包含以下内容:

(1)图名、指北针、比例尺、图例表。

(2)设计说明:包括植物配置的依据、方法、形式等。

(3)植物表:包括序号、中文名称、拉丁学名、图例、种类(乔木或灌木等、落叶或常绿)规格(冠幅、胸径、高度)、单位、数量(乔木和单株布置的灌木用"株"表示数量;片植的灌木、竹类、地被用密度和数量,即"株/m²"及多少"m²"表示数量;草坪用"m²"表示数量)、种植密度、其他(如观赏特性、树形要求等),对有特殊要求的植物应在"备注"栏说明(见表4-7、表4-8)。

表 4-7　乔木植物种植表示例

序号	图例	拉丁学名	中文名称	规格参数/cm				数量/株	备注
				胸径	地径	高度	蓬径		

表 4-8　灌木、水生植物、地被植物种植表示例

序号	图例	拉丁名	中文名	规格参数/cm			数量/面积	备注
				高度	蓬径	密度		

(4)植物种植设计平面图:利用图例区分植物的种类(植物图例按标准图例绘制,乔木的冠幅可适当加粗)、标注植物规格、种植点的位置及与其他构景要素的关系。

(5)植物群落立面图、剖面图或者断面图:对竖向设计有较高要求的节点,应根据设计需要绘制整体或局部立面图、剖面图、断面图,并标注高度和宽度。

(6)植物群落效果图:表现植物的形态特征,以及植物群落的景观效果。

在绘制植物种植设计图的时候,一定要注意在图中标注植物种植点位置,植物图例的大小应该按照比例绘制,图例数量与实际栽植植物的数量要一致。

(三)植物种植施工图

植物种植施工图是园林绿化施工、工程预(决)算编制、工程施工监理和验收的依据,并且对于施工组织、管理及后期的养护都起着重要的指导作用。植物种植施工图绘制需要简洁、清楚、准确、规范,应包含以下内容:

(1)图名、图例、比例尺、指北针。

(2)植物表:配合植物种植施工图图面内容进行标注,包括序号、中文名称、拉丁学名、图例、种类(乔木或灌木等、常绿或落叶)、规格(冠幅、胸径、高度)、单位、数量(乔木和单株布置的灌木用"株"表示数量;片植的灌木、竹类、地被用密度和数量,即"株/m²"及多少"m²"表示数量;草坪用"m²"表示数量)、种植密度、苗木来源、植物栽植(容器大小、土球及捆扎办法等)及养护管理的具体要求,对有特殊要求的植物应在"备注"栏说明。

(3)施工说明:对于选苗(园艺品种、修剪情况、苗木供应规格发生变化的处理等)、定点放线(放线依据、施工放样基准点、基准线等)、栽植(非栽植季节施工要求、栽植土的处理等)和养护管理(施肥要求等)等方面的要求进行详细说明。

（4）植物种植施工平面图：图纸比例一般选择1：500。利用图例、代码、编号等区分植物种类，将植物的位置、规格、间距、布局形式、数量等准确标注在图纸上。在植物标注时要注意对保留原有植物的标注，以免因没有标注而造成错伐植物、破坏环境的后果。利用尺寸标注或者施工放线网格确定植物种植点的位置——规则式栽植需要标注出株间距、行间距，以及端点植物的坐标或与参照物之间的距离，自然式栽植往往借助直角坐标网格定位，网格多采用2 m×2 m～10 m×10 m（见图4-16）。

（5）植物种植施工详图：植物种植施工平面图中的某些细部尺寸、材料和做法等需要用详图表示。如重点树丛、树种的关系；古树、名木周围的处理；花池的详细花纹（见图4-17）；植物与山石的关系；支撑固定桩的做法；种植穴的尺寸、花境、花坛施工图设计等。图纸比例为1：100或1：50等。

（6）文字标注：文字标注要清晰、准确、全面。植物种植施工图常用文字、编号直接说明各种植物种类、数量，在空白处用利用引线或箭头标注每一组植物的种类、组合方式、规格、数量或面积。同一种植物群植和林植，要用细线将其中心连接起来统一标注。

（7）植物种植立面图、剖面图或断面图。图纸比例一般选择1：100～1：500。在竖向上表明各种植物之间的关系、园林植物与周围环境关系，如建筑物、构筑物、山石及各种地上、地下管线等设施的位置及高程与园林植物的高度限制及植物栽植土层厚度等之间的关系。

（8）分幅图、上木图、下木图：对于基地范围较大，植物种植施工设计总平面图不方便标注全部植物名称和数量的图纸，可以采用分幅图进行绘制，以便更清楚和更精确地表达施工阶段的设计内容。根据需要，将总平面图划分为若干区段，使用放大的比例尺（一般为1：100或1：50）分别绘制每一区段的种植平面图，绘制要求同植物种植施工总平面图。为了读图方便，应该同时提供一张索引图，说明总图到分幅图的划分情况。分幅图纸应进行顺序编号，序号编排时可以用英文字母做序号，如A、B、C、D、E、F…；也可以用数字做序号，如1、2、3、4、5、6…或Ⅰ、Ⅱ、Ⅲ…；还可以用方位文字做序列，如东、西、南、北、中。每一张分幅图上必须附带一张缩小的植物种植施工设计总平面图，示意该分幅图在植物种植施工设计总平面图中的位置。

对于种植层次较为复杂的区域，应该绘制分层种植施工图，即分别绘制上木图（上层乔木的种植施工图）和下木图（中下层地被的种植施工图）。绘制要求同植物种植施工设计总平面图。上木图主要表现为乔木和单株灌木的设计形式，以平面图来表达，图面内容包括设计中所有乔木和单株灌木的植物种类、位置、间距、数量和规格。下木图中应明确标出种植范围内的灌木、多年生草本（花）以及一二年生草花的位置和平面布局形式。范围内不同种类的植物应选用不同的线条轮廓加以区分。如果种类较多，布局形式复杂，如花坛或花境，还要用编号详细划分每种类群（颜色）的轮廓、形式，并标注所需数量。上、下木设计图纸上的不同图例要标注植物的名称和数量。

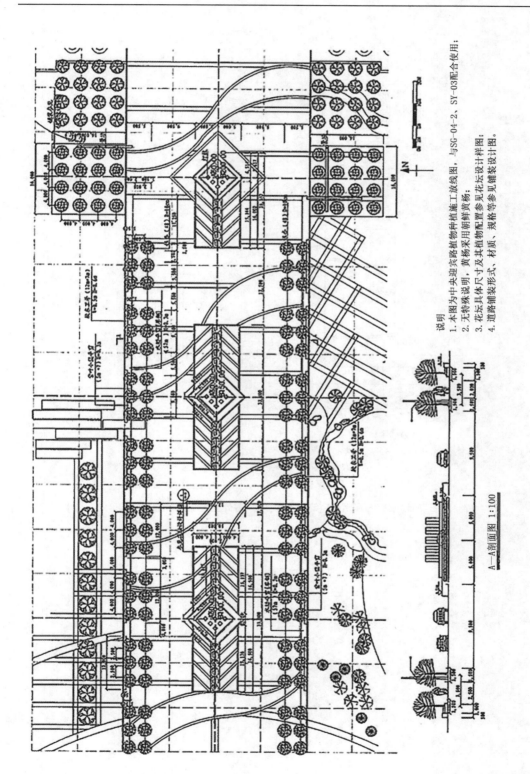

说明
1. 本图为中央迎宾路植物种植施工放线图，与SG-04-2、SY-03配合使用；
2. 无特殊说明，黄杨采用朝鲜黄杨；
3. 花坛具体尺寸及其植物配置参见花坛设计样图；
4. 道路铺装形式、材质、规格等参见铺装设计图。

A—A剖面图 1:100

图4-16　植物种植施工平面图（引自《园林植物景观设计》余煜）

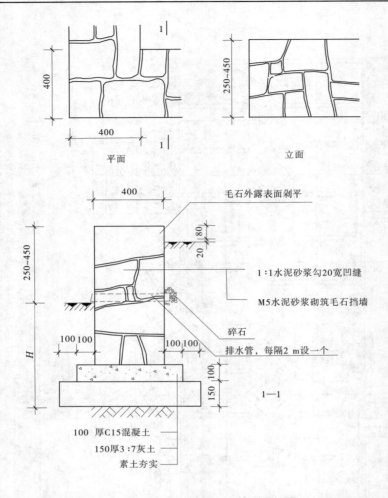

平面　　　　　　　　立面

毛石外露表面剁平

1:1水泥砂浆勾20宽凹缝

M5水泥砂浆砌筑毛石挡墙

碎石

排水管，每隔2 m设一个

1—1

100 厚C15混凝土

150厚3:7灰土

素土夯实

图 4-17　毛石花池施工详图[引自《环境景观——室外工程细部构造》(15J 012—1)]

第五章　园林植物景观设计专题

第一节　综合性公园植物景观设计

二维码 5-1　城市道路植物景观设计

一、综合性公园概述

综合性公园是指内容丰富,有相应设施,具有休憩娱乐、科普教育、政治文化功能,适合于公众开展各类户外活动的规模较大的绿地。依据公园规划中所要开展的活动项目的服务对象,即游人的不同年龄特征,儿童、老人、年轻人等各自游园的目的和要求,一般综合性公园分为以下几个功能区:文化娱乐区、观赏游览区、安静休息区、儿童活动区、老年活动区、体育健身区、公园管理区等。

二、公园植物种类的选择

(1)适应栽植地段立地条件的适生种类,乡土树种为主,引种驯化树种为辅。
(2)林下植物应具有耐阴性,其根系发展不得影响乔木根系的生长。
(3)垂直绿化的攀缘植物依照墙体附着情况确定。
(4)具有观赏价值、抗逆性强、病虫害少的种类。
(5)以乔木大树为主,与灌、藤、草、花相结合。
(6)以阔叶乔木为主,与常绿树相结合。
(7)适应栽植地养护管理条件。
(8)改善栽植地条件后可以正常生长的、具有特殊意义的种类。

三、各功能区植物景观营造

(一)文化娱乐区的植物配置设计要点

文化娱乐区是进行表演、游戏活动、游艺活动等的区域,常位于公园的中部,常设置展览馆、展览画廊、露天剧场、文娱室、阅览室、音乐厅、茶座、动植物园地、科技活动室等。文化娱乐区是公园中人流最集中的活动区域,是公园中的"闹"区,因此成为全园布局的重点。文化娱乐区植物配置要注意以下要点。

1. 树种选择

游人集中场所的植物选用应符合下列规定:在游人活动范围内宜选用大规格苗木;严禁选用危及游人生命安全的有毒植物;不宜选用在游人正常活动范围内枝叶有硬刺或枝叶呈尖硬状、刺状及有浆果或分泌物坠地的种类;不宜选用挥发物或花粉能引起明显过敏反应的种类。

2.便于人流集散和游乐活动的开展

文化活动区内经常开展人数众多、形式多样的文化娱乐活动,游客流量大且集散时间相对集中。植物配置方式应以规则式或混合式为主,在游人活动集中的地方可设置开阔的草坪,以低矮的花坛、花境作为点缀,方便游人集散和游乐活动的开展。区内可以适当点缀高大的常绿乔木,树木枝下的净空间不小于 2.2 m,保证视野的通透性,以免影响人流通行或阻挡交通安全视距。露天演出场观众席范围内不应布置阻碍视线的植物,观众席铺栽草坪应选用耐践踏的种类(见图 5-1)。

图 5-1　文化活动区植物景观(蔡清 摄于哈尔滨清滨公园)

3.利用植物配置分割围合活动区域

文化娱乐区的植物配置还应考虑减少活动项目之间的相互干扰。可以利用高大乔木形成围合、半围合空间,使活动区域与其他场地保持一定距离(见图 5-2)。

图 5-2　植物分割空间(蔡清 摄于哈尔滨尚志公园)

(二)观赏游览区的植物配置设计要点

观赏游览区以游览、参观为主要功能,是公园中景色最优美的区域,在植物配置方面要注意植物、环境、建筑物的艺术搭配,营造层次丰富、变化多样的公园植物景观(见图 5-3)。观赏游览区植物配置要注意以下要点。

图 5-3　观赏游览区植物景观(蔡清 摄于哈尔滨兆麟公园)

1. 营造地形起伏的韵律感

观赏游览区植物景观营造要体现出地形的起伏和天际线的变化,多采用自然式配置类型,组成树丛、树群和树林,使得空间层次清晰、疏密有致。在地形较为平坦的区域,可利用植物烘托地形的变化,比如在低矮的土丘顶部种植圆锥形、尖塔形植物以增强起伏感,或利用植物栽植的疏密变化使园路产生蜿蜒之感。

2. 结合园林小品营造植物景观

观赏游乐区面积较大,可在林地空间内建造一些园林小品,如亭、廊、水景、花架、园椅、置石、雕塑小品等,并与植物配合形成生动画面(见图 5-4)。

图 5-4　小品植物结合(蔡清 摄于洛阳伊尹公园)

3.丰富群落美感,设置专类花园

观赏游览区以营造植物景观为主,在植物配置时不仅要展示植物的个体美,还要善于体现植物群落的群体美。区内可选择几种生长健壮的树种作为骨干树种,配以其他植物组成不同外貌的群落,随着四季变化和生命进程发展,形成不同效果的景观,丰富群落美感,提高观赏价值。还可以将盛开植物配置在一起,形成花卉观赏区或专类花园,如月季园、杜鹃园等,在盛开时节形成花海连绵、引人入胜的景观。

(三)安静休息区的植物配置设计要点

为营造幽静的休憩场所,安静休息区内多采用密林式的绿化,尽量多用高大的树种,密植树木和栽植成年的树木可以提高游人的视觉兴趣。在密林之中分布着供游人散步的小路和林间草地,也可开辟专类花园和休憩空地。植物配置方式以自然式为主,塑造自然质朴的休憩空间。也可以设置空旷草坪或疏林草地,为游人提供更大的自由空间(见图5-5)。

图 5-5　安静休息区植物景观(蔡清 摄于哈尔滨兆麟公园)

(四)儿童活动区的植物配置设计要点

在我国城市公园游人中,儿童是主要的使用人群之一。为了满足儿童心理上、生理上的特殊需要,在公园中单独规划出儿童活动区是很必要的。儿童在这里不仅可以游戏、运动、休息,而且可以开展课余的各项活动,学习知识,开阔眼界。儿童活动区植物配置要注意以下要点。

1.利用植物与其他活动空间形成隔离

儿童活动区周围应用紧密的林带或绿篱、树墙与其他活动区隔离开,为儿童提供单独的活动区域,提高安全性。也可以把游乐设施分散在各疏林之下。

2.植物种类丰富,种植形式多样

儿童活动区的植物种类丰富,有助于引起儿童对大自然的兴趣,在玩乐中增长植物学的知识。区内可选择色彩鲜艳、形体优美和具有奇特花、果、叶的植物进行配置,如鹅掌楸、羊蹄甲、广玉兰、紫荆、鸡爪槭等,激发儿童的好奇心;也可栽植女贞、四照花、八角金盘、含笑、黄连木、郁李、金橘等植物招引鸟类和蝴蝶;还可以种植较为低矮粗壮的树种,便于儿童攀爬。

　　儿童活动范围内宜选用萌芽力强、直立生长的中、高类型的乔木,分枝点应高于 1.8 m。在儿童游乐设施附近宜栽植生长健壮、冠大荫浓的落叶乔木,为儿童活动和家长看护提供庇荫之处,夏季庇荫面积应大于活动范围的 50%。家长看护、等候区内不宜栽植妨碍视线的植物(见图 5-6)。活动区内铺设草坪时应选用耐践踏的草种。

图 5-6　儿童活动区植物景观(蔡清 摄于哈尔滨古梨公园)

　　本区植物栽植以自然绿化配置为主,种植疏密有致,可在疏林草地上设置游乐设施,在密林中设置儿童探险区,以激发儿童活动的兴趣。区域内的植物分布最好能体现童话色彩,配置一些童话中的人物、动物雕像、茅草屋、石洞等,营造出活泼欢乐的气氛。利用色彩进行景观营造是国内外儿童活动区内常用的造型技法,如可用灰白色的多浆植物配置于鹅卵石旁,产生新奇的对比效果。该区的绿化面积不宜小于全区面积的 50%。

　　3. 选择安全的树种

　　在儿童活动区内,不宜种植花、果、枝、叶有毒,气味难闻或者容易引起过敏症的开花植物,如凌霄、夹竹桃、苦楝、漆树等。忌用带刺的植物,如蔷薇、刺槐、枸骨等。有强烈的刺激性、黏手的、种子飞扬的树种也要避免使用,如杨柳、悬铃木等。忌用容易招致病虫害的植物及浆果植物,如乌桕、柿树等。尽量不用要求肥水严格的果树或不用果树。

　　(五) 老年活动区的植物配置设计要点

　　老年活动区是供老年人活跃晚年生活,开展政治、文化、体育活动的场所。随着老龄化社会的到来,公园游人中的老年人比例越来越大,所以目前大多数的综合性公园中都设有老年活动区。老年活动区植物配置要注意以下要点。

　　1. 符合老人怀旧心理及返老还童的趣味性心理

　　老年活动区的植物配置以落叶阔叶林为主,它们不仅在夏季产生丰富的景观和阴凉的环境,而且在冬季能使场地有充足的阳光。植物季相的变化还可以强化人们对生命节奏与循环的认识(见图 5-7)。

图 5-7　老年活动区植物景观(蔡清 摄于哈尔滨尚志公园)

2.选择有益健康的树种

老年活动区应选择一些有益于人们身心健康的保健树种,如银杏、柑橘等;可选择有益消除疲劳的香花植物,如栀子花、月季、桂花、茉莉花、玉兰、蜡梅等;可选择具有杀菌能力的植物,如桉树、侧柏、肉桂、柠檬、雪松等,它们能分泌杀菌素,净化活动区的空气。

3.选择有指示、引导作用的树种

为帮助老人辨别方向,在一些道路的转弯处,应配置色彩鲜艳的树种,如红枫、黄栌、红叶鸡爪槭、金叶刺槐等,起到点缀、指示、引导的作用。

(六)体育健身区的植物配置设计要点

体育健身区主要功能是为游人开展各项体育活动,具有游人多、集散时间短、对其他各项干扰大等特点。体育健身区植物配置要注意以下要点。

1.植物配置应便于场地内开展比赛和观众观看比赛

体育健身区内绿化多采用规则式的绿化配置。选择的树种色调要求单一化,植物也不宜有强烈的反光,以免影响运动员或者观众的视线。如在球场附近,最好能将球的颜色衬托出来。体育健身区内可选择速生、高大挺拔、冠大荫浓的乔木树种栽植于场地周围,在夏季为观众提供庇荫。植物种植点离运动场地 5~6 m,以成林后树冠不深入球场上空为宜。运动场地内尽量用耐践踏的草坪覆盖,在游泳池附近可设置一些廊架结构的园林建筑物,日光浴场地周围应铺设柔软而耐践踏的草坪(见图 5-8)。

2.选择安全的树种

体育健身区内不宜种植落花、落果、飞絮的植物,如悬铃木、杨树、柳树等。不要种植带刺、易染病虫害、分蘖性强、树姿不齐的树种。

3.利用植物与其他活动区域形成隔离

在体育健身区外围可栽植隔离带或者疏林,将其与其他活动区域分割开来,减少运动区对外界的影响,同时也可以不受外界的干扰。

(七)公园管理区的植物配置设计要点

公园管理区是为公园经营管理的需要而设置的内部专用地区,具有内务活动多的特

图 5-8 体育健身区植物景观(蔡清 摄于哈尔滨太平公园)

点。主要包括管理办公、生活服务、生产组织等方面的内容。

公园管理区的植物配置多以规则式为主,当然也可以自然式布置。面向公园景区的一侧可栽植常绿乔灌木,形成隔离带,以遮蔽公园内游人的视线。要根据各项活动的功能不同而因地制宜地进行绿化,但要与全园景观相协调。

(八) 园路植物景观营造

1. 园路类型及植物景观营造

园路类型有主干道、次干道、散步道、专用道等,园路按其功能的不同,宽度应有所变化。

(1)主干道:公园主路的绿化可列植高大、荫浓的阔叶乔木,树下配置较耐阴的花灌木,园路两旁也可以用耐阴的花卉植物布置花境(见图 5-9)。如果不用行道树,还可以结合花境和花坛布置自然式的树丛及树群。

图 5-9 主路植物景观(蔡清 摄于哈尔滨平房公园)

（2）次干道：次要道路可以沿路布置林丛、灌木丛、花境美化道路，做到层次丰富、景观变化，达到步移景异的效果。

（3）散步道：散步道两旁的植物景观应给人以亲切之感，可布置一些小巧的园林小品，也可开辟小的封闭空间，结合各景区特色，乔、灌、草结合形成色彩丰富的树丛（见图 5-10）。

图 5-10　散步道植物景观（蔡清 摄于随州神农公园）

（4）专用道：多为园务管理使用，在园内与游览路分开，应减少交叉，以免干扰游览。

2. 园路布局与植物景观营造

公园道路植物景观的营造要根据地形、建筑、风景的变化而变化。如山水公园的园路绿化应点缀风景而不妨碍视线；平地公园的园路植物景观的营造可用乔灌木树丛、绿篱、绿带分隔空间，使园路时隐时现，产生高低起伏之感；山地公园的园路植物景观的营造要根据地形的起伏，疏密相宜地设计种植。在有风景可观赏的山路外侧，宜种矮小的花灌木和花草，不影响游人观景；而在无景可观的山路两侧，可以密植或丛植乔灌木，使山路隐蔽在丛林中，形成林间小路。

需要强调的是，道路的绿化设计不仅要考虑到正常人群的使用要求，更应注意满足残疾人使用的需要，所以在园路边缘种植时，不宜选用硬质叶片的丛生型植物。路面范围内，乔灌木枝下净空不得低于 2.2 m，乔木种植点距路线应大于 0.5 m。

3. 弯道的处理与植物景观营造

公园中有机动车辆通行的道路转弯处，在植物景观营造时要注意行车安全视距的需要，在 0.7~2.2 m 的竖向范围内，要保持枝下净空的通透性；在只有游人通行的道路转弯突出的一侧栽植 30 cm 以上的植物，避免游人因抄近路的心理，造成对草坪的践踏及植物景观的破坏（见图 5-11）。

4. 园路交叉口处理与植物景观营造

园路交叉口是游人游览视线的焦点，是植物造景的重要部位。道路交叉可形成十字形、T 字形、Y 字形路口，可用乔灌木点缀，形成层次丰富的树丛、树群，利用花坛、花境形成优美的植物造景(见图 5-12)。

图 5-11　弯道植物景观(蔡清 摄于成都成华公园)

图 5-12　园路交叉口植物景观(蔡清 摄于长沙橘子洲)

(九) 公园绿地种植施工注意事项

1. 公园种植特点的立地条件

立地条件的好坏是影响乔灌木和花草成活的重要条件之一。在一般情况下,公园的立地条件往往不太好,需要人为创造种植条件。种植前需要对种植点进行整地。石砾较多、土层较薄的地方,则要施以客土,进行客土植树,为植物的后期生长创造一个良好的生境条件。

2. 公园绿化大树移植注意事项

一般在公园的重要地区,如大型建筑附近、庇荫广场、儿童活动区等,往往采用生长10 年以上的大树来绿化。移植大树除要严格按照移栽大苗的技术要求进行外,在种植后要特别注意大树的固定捆绑,尤其是大树根系尚未牢固扎实之前,一定要用支架扎缚,此项工作在大风多的地区尤其要注意。

3. 在北方降水量较少地区的植树绿化

一般都需要进行灌溉,尤其是植树后第一次灌水一定要灌足、灌透,合理地进行灌水管理。

4. 公园树木的病虫害防治

公园绿化最理想的病虫害防治方法是采用生物防治的方法。如果必须进行化学防治,应注意游人的安全。

● **理论思考、实训操作及价值感悟**

1. 请简述公园植物选择的要点。

2. 请选取一个公园案例,对其植物景观设计进行分析。

3. 请完成一个综合性公园植物景观设计的方案。

4. 请在方案创作中感悟"以人为本"思想对方案创作的重要性。

第二节　儿童公园植物景观设计

一、儿童公园定义

儿童公园是城市中儿童游戏、娱乐、开展体育活动,并从中得到文化科学普及知识的专类公园。其主要任务是使儿童在活动中锻炼身体、增长知识、完善性格、热爱自然、热爱科学、热爱祖国等,从而促进儿童的全面发展。

二、儿童公园植物景观设计要点

(1)在儿童公园种植规划时,首先要对绿化量有一个标准的把握。绿化量要从绿地面积、绿化覆盖率和叶面积总数三个方面来考虑。一般要求儿童公园的绿化面积不小于公园用地总面积的 50%,尽可能满足绿化覆盖率在 70%以上。

(2)忌用有毒、有刺、易招致病虫害、易落浆果、有刺激性或有奇臭的植物。如夹竹桃、构骨、刺槐、漆树、柿树等。

(3)选择姿态优美、树冠大、枝叶茂盛的树种,夏季可使场地有大面积遮阴,并且枝叶茂盛的树种能更多地吸附一些灰尘和噪声,如北方的槐树,南方的榕树、银桦等。

(4)公园的周围宜设绿化防护带,以免尘沙侵袭和城市噪声干扰。各活动区之间,特别是不同年龄儿童的活动地段,要用植物隔开。

(5)儿童游戏场的乔木宜选用高大荫浓的树种,分枝点不宜低于 1.8 m。灌木宜选用萌发力强、直立生长的中、高型树种,这些树种生存能力强、占地面积小,不会影响儿童的游戏活动。游乐设施活动区保证活动面的开展,适当点缀球类和整形植物。

(6)绿化布局手法应符合儿童心理,选用叶、花、果形状奇特、色彩鲜艳、能引起儿童兴趣的树木,如马褂木、扶桑、白玉兰、龙爪槐、垂枝榆、竹类等。作为儿童教育的素材,植物上可以标注植物的名称及习性的标识作为儿童的科普素材,让儿童在观赏中增长植物学的知识,也培养他们热爱树木、保护树木、爱护花草的良好习惯。

（7）在植物配置上树种不宜过多,应便于儿童记忆、辨认场地和道路,同时要有完整的主调和基调,创造全园既有变化但又完整统一的绿化环境。

（8）花卉的色彩将激起孩子的色彩感,同时也激发孩子们对大自然、对生活的热爱。所以,一般在我国长江以南地区尽可能在儿童公园中做到四季鲜花不断,在我国北方地区争取做到"四季常青,三季有花"。在草坪中栽植成片的花地、花丛、花坛、花境都尽可能达到鲜花盛开,绿草如茵。

三、案例素材

阿那亚儿童农庄坐落在离北京 310 km 的秦皇岛海边,已有的自然资源,即 65 000 m^2 的原生态沙丘和几十年前为固沙栽种的一片刺槐林。因此儿童农庄依沙丘而建,于刺槐林中穿梭而行（见图 5-13）。

图 5-13　阿那亚儿童农庄植物景观设计

● **理论思考、实训操作及价值感悟**

1. 请简述儿童公园植物选择的要点。
2. 请对某一处儿童公园的植物景观设计进行分析评价。
3. 请完成一个儿童公园植物景观设计的方案。

第三节　动物园植物景观设计

一、动物园的概念

　　动物园又称动物公园,也包括水族馆,从一般意义上讲,它是在人工饲养条件下,以野生动物集中饲养展出为主要内容,为丰富和满足人类社会的文明生活而设立的;从特殊意义上说,它还是珍稀动物异地保护和普及动植物科学知识、引导和教育人们热爱大自然、保护野生动物的重要场所。但是,动物园的发展是经历了从私人观赏到对公众开放,饲养形式从笼养到场景式展馆并发展到现在的半散放、参与和浸入式展出。

二、动物园植物景观营造原则及要点

(一)安全性原则

　　首先,要考虑某些动物有跳跃或攀缘的特点,种植植物时要注意不能为其所用,避免造成动物的逃逸,对人畜构成伤害,如猴类这种攀缘和跳跃能力很强的动物,要防止其借助猴舍四周种植的树木攀登逃逸;其次,要注意利用植物配置阻隔动物之间的视线,尤其是存在捕食关系的动物,以减少动物之间互相攻击的可能性,保障动物安全;最后,要注意植物不能对动物的安全造成影响,如大熊猫喜欢攀爬,园舍内的树木应做好防护措施,以免大熊猫攀爬跌落造成身体伤害(见图5-14)。

(二)生态相似性原则

　　生态相似性原则指依据展览动物在原产地的生态条件,通过地形改造与植物配置,创造出与原产地相似的生态环境条件,以增加动物异地生存的适应性,并提高展出的真实感和科学性。如梅花鹿栖息于森林边缘和丘陵地带的灌木林,重庆动物园通过地形改造与植物配置,为其营造出良好的栖息环境(见图5-15)。

(三)美观实用原则

　　动物园绿化的目的是为动物创造良好的生活环境,利用植物起到遮阴、避雨、防风、调节气候和避免尘土的作用(见图5-16);为建筑物及动物展示创造优美的景观背景,尤其是对于具有特殊观赏肤色的动物,如梅花鹿、斑马、东北虎等,可以在兽舍附近的安全栏内种植乔木或与兽舍组合成的花架棚等(见图5-17),提高动物的观赏效果;为游人创造参观、休息时良好的游览环境,园路要形成良好的遮阴效果(见图5-18)。陈列区应有布置完善的休息林地、草坪用作间隔,便于游人观赏动物后休息。建筑广场道路附近应作为重点美化的地方,充分发挥花坛、花境、花架及观赏性强的乔灌木风景装饰的作用(见图5-19);结合生产考虑,充分利用路边地带及无用空地,可种植动物食用的植物,为食草

图 5-14　植物景观的安全性(蔡清 摄于重庆动物园)

图 5-15　植物景观的生态相似性(蔡清 摄于重庆动物园)

动物提供饲料。

(四)卫生防护隔离原则

卫生防护隔离原则即利用植物隔离某些动物发出的噪声和异味,避免相互影响和影响外部环境。动物园的周围要设立卫生防护林带,林带宽度可达到 30 m,组成疏透式结构林带。卫生防护林带起到防风、防尘、消毒、杀菌的作用。在园内可以利用园路的行道树作为防护林副带。按照有效防护距离为树高的 20 倍左右计算,必要时园内还可设一定的林带,真正解决动物园的风害问题。在一般情况下,利用植物的绿化作为隔离,解决卫生防护问题是有效的,但对于一些气味很大的动物房舍,光靠绿化隔离带是不行的,还要在规划时把这类笼舍安排在下风方向,并在其周围栽植密林,适当地隔离这些笼舍。在陈列区与管理区、兽医院之间,也应配置隔离防护林带。

图 5-16　植物景观的遮阴作用（蔡清 摄于重庆动物园）

图 5-17　植物景观的背景作用（蔡清 摄于重庆动物园）

三、植物种类选择

（一）选择有利于展现、模拟动物原产区的自然景观的植物

动物园的绿化种植应尽可能结合动物的生存习性和原产地的地理景观。在营造动物原产地相似的生境时，因植物的适应性及引种驯化限制，并不能照搬原产地的植物品种，可以选用植物群体景观或个体形态相似于原产地的植物品种，营造出稳定性较强的人工群落。如北京动物园用适应北京地区生长的合欢，代替我国南方地区的凤凰木。

（二）种植无毒、无刺、生长力强、少病虫害的慢生树种

在配置动物运动范围内的植物时，不仅要选择有较高观赏价值的植物，而且应种植无毒、无刺、生长力强、少病虫害的慢生树种。

图 5-18　园路绿化(蔡清 摄于重庆动物园)

图 5-19　休息广场重点绿化(蔡清 摄于重庆动物园)

(三)选择具有长期性的植物

植物配置的长期性是指所选用的植物的茎叶应是动物不喜欢吃的树种,否则容易被啃光,比如鹿不吃罗汉松的树叶,可以在鹿舍周围种植罗汉松。但可在食草动物展区内种植大面积的草本植物,或在其他展区内种植果实能被动物采食的树木。

● 理论思考、实训操作及价值感悟

1. 请阐述动物公园树种选择的原则及要点。
2. 请对某一处动物园的植物景观设计进行分析。
3. 请完成一个动物园植物景观设计的方案。
4. 请感悟人与动物和谐共生的关系。

第四节　植物园植物景观设计

一、植物选择

（1）对科普、科研具有重要价值的植物品种。

（2）对城市绿化、美化功能等方面有特殊意义的植物种类。

（3）根据其经济价值和对环境保护的作用、园林绿化的效果、栽培的前途等综合因素来选择重点种和一般种。对于重点种，可以突出栽植或成片栽植，形成一定的栽培数量。

（4）应根据各地各园的具体条件，尽量丰富植物品种，特别是一些珍稀、濒危的植物品种。

二、植物景观设计

（一）植物景观总体设计

植物园的种植设计应在满足其性质和功能需要的基础上，特别突出其科学性、系统性，讲究景观的艺术构图，使全园具有绿色覆盖和较稳定的植物群落（见图5-20）。在形式上，以自然式为主，配置密林、疏林、群植、树丛、草坪、花丛等景观，并注意乔、灌、草本植物的搭配（见图5-21）。在植物园的植物种植株数上，因受面积和种植种类多样性等因素的限制。每一植物种植的株数也应有一定的规定，初次引种试验栽培的或有前途、有经济价值的植物，或列为重点研究的树种，每种为20~30株；一般树种，乔木5~10株，灌木10~15株。

图5-20　稳定的植物群落（蔡清 摄于郑州植物园）

植物园除种植乔灌木、花卉外，其他所有裸露地面都应铺设草坪，一方面可供游人活动休息，另一方面也可以作为将来增添植物的预留地，同时也丰富了园林自然景观。草地面积一般占种植总面积的20%~30%为宜。

图 5-21　自然式的种植形式(蔡清 摄于上海植物园)

(二)科普展览区植物景观设计

植物园的种植设计主要是针对科普展览区进行植物景观的营造。现将常见展区的植物造景介绍如下。

1. 植物进化系统展区

该区是按照植物进化系统,分目、分科布置,反映出植物由低级到高级的进化过程,使参观者不仅能得到植物进化系统方面的知识,而且对植物的分类和各科属种的特征有一个概括的了解。因各国所采用的分类系统不同,这类展区布置的形式也有差异,我国在裸子植物区多采用郑万钧系统,被子植物区多采用恩格勒或哈钦松系统。

这类展区在植物景观营造时,首先要考虑生态相似性,即在一个系统中尽量选择生态上有利于组成一个群落的植物。其次要尽量克服群落的单调性,把观赏特性较好的植株布置在展区的外围,如在布置裸子植物展区时,可把金叶松、洒金柏等彩叶植物布置在外面,林内种植常绿的乔木,以增加展区的美观性。最后,还要使反映进化原则的不同植物尽量按不同的生态条件配置成合理的人工群落,以增加该区物种的多样性。由于在配置时很难同时满足上述条件,故这种展区一般占地面积很小,通常不超过 $5 \sim 10 \ hm^2$。

2. 经济植物展区

该区是展示收集来的植物,认为可以利用并经过栽培试验属于有价值的经济植物,为农业、医疗、林业和化工等行业提供参考。一般可分为:药用植物区、香料植物区、油料植物区、橡胶植物区、纤维植物区、含糖植物区、淀粉植物区等。区内多用绿篱或园路对各小区进行隔离。

3. 植物地理分布和植物区系展览区

这种植物展览区的规划依据是以植物原产地的地理分布或植物的区系分布为原则进行布置的。一般占地面积较大,多见于大型植物园中。

4. 植物生态习性、形态与植被类型展览区

这类展览区是按照植物的生态习性、植物与外界环境的关系以及植物相互作用而布

置的展览区。

（1）植物生态习性展览区：植物的生态因子主要有光、温度、水分和土壤，植物通过对生态因子的长期适应，形成不同的群落。该展区按生态因子布置展览，并通过人工模拟自然群落进行植物配置，表现出此生境下特有的植物景观。如水生植物展览区，可以创造出湿生、沼生、水生植物群落景观（见图5-22）。由于园区立地条件的限制，在按生态因子布置展览区时不能面面俱到，只能根据当地的气候环境特点突出表现一两种生态类型的群落景观。

图 5-22　水生植物群落景观（蔡清 摄于黑龙江省森林植物园）

（2）植物形体展示区：按照植物的形态分为乔木区、灌木区、藤本植物区、球根植物区、一二年生草本植物区等展览区（见图5-23）。这种展览区在归类和管理上较方便。但这种形态相近的植物对环境的要求不一定相同，如果绝对按照此方法分区，在养护和管理上就会出现矛盾。

图 5-23　草本植物区（蔡清 摄于黑龙江省森林植物园）

（3）植被类型展示区：世界范围的植被类型很多，主要有热带雨林、热带季雨林、亚热带常绿阔叶林、暖温带针叶林、亚高山针叶林、寒带苔原、草甸草原灌丛、温带草原、热带稀树草原、荒漠带等。要在某一地点布置很多植被类型的景观，只能借助于人工手段去创造一些植物所需的生态环境，目前常用人工气候室和展览温室相结合的方法。

5. 观赏植物以及园林艺术展览区

我国的植物资源十分丰富，观赏植物种类众多，这为建立各类观赏专园提供了良好的物质条件。在植物园中可将一些具有一定特色、品种及变种丰富、用途广泛、观赏价值高的植物，辟为专区集中栽植，结合园林小品、地形、水景、草坪等形成丰富的园林景观。

本区布置形式主要有专类花园、专题花园、园林应用展览区、园林形式展览区等。

（1）专类花园：大多数植物园内都有专类园，它是按分类学内容丰富的属或种专门扩大收集，采用专园展出，常常选择观赏价值较高、种类和品种资源较丰富的花灌木。在植物景观营造时要结合当地生态、小气候、地形设计种植。还可以利用花架、花池、园路等组成丰富多彩的植物景观。常见的专类花园有山茶园、杜鹃园、丁香园、牡丹园、月季园、樱花园、梅花园、荷花园、槭树园等。

（2）专题花园：将不同科、属的植物配置在一起，展示植物的某一共同观赏特性，如彩叶园、芳香园、观果园等。在植物配置时要考虑各种植物的观赏特性是否与主题相吻合，还要注意植物季相的变化。

（3）园林应用展览区：该区是指在植物园中设立的可为园林设计及建设起到示范作用的区，向游人展示园林植物的绿化方法及在其他方面的用途，达到推广、普及的目的。一般包括花坛花境展览区、庭院绿化示范、绿篱展示区、整形修剪展览区（见图5-24）、家庭花园展示区等。这类展览区在种植设计时既要有普遍性又要有新颖性。普遍性是指植物材料要有一定的代表性，取材较为普遍。新颖性是指绿化的方法及造景方式要有创新，至少与当地常见的应用方法有所区别。

图 5-24　整形修剪展览区（蔡清 摄于黑龙江省森林植物园）

（4）园林形式展览区：展示世界各国的园林布置特点及不同流派的园林植物景观特色。常见的有中国自然山水园林、日本式园林、英国自然风景林、意大利建筑式园林、法国规整式园林及近几年出现的后现代主义园林、解构主义园林等。这类展区重点是抓住各流派的特色，展览区面积不一定很大，但要让游人一目了然。

6. 树木园区

树木园区是植物园中最重要的引种驯化基地，以展览露地可以成活的野生木本植物为主。营造树木园要在生态学、分类学的前提下，充分考虑植物的形态、色彩、花果等观赏价值，造出优美的人工林地景观。

7. 温室植物展览区

温室是以展示本地区不能露地越冬，必须有温室设备才能正常生长发育的植物。从世界范围来看，现代温室的展览内容一般包括热带雨林植物、棕榈科植物、沙生植物、食虫植物、热带水生植物、室内花园等，有些温室还有蕨类室、荫生植物等展览（见图 5-25）。

图 5-25　温室展览（蔡清 摄于上海植物园）

8. 自然植被保护区

自然植被保护区内禁止人为的砍伐和破坏，不对群众开放，任其自然演变，主要进行科学研究。如对自然植物群落、植物生态环境、种植资源及珍稀濒危植物等项目的研究，如庐山植物园内的月轮峰自然保护区。

在进行具体的综合性植物园设计时，并非必须把上述 8 类展览区都包括在内，只需涉及其中大部分展览即可。另外，各展览区在营造景观时不应该孤立对待，应根据园林艺术的美学要求将它们结合起来，提高植物园的观赏和游览价值。

● **理论思考与实训操作及价值感悟**

1. 植物园内植物种植的要点是什么？
2. 对某一植物园案例进行分析，对其植物景观设计进行分析。
3. 完成植物园植物景观设计的方案。

第五节　道路植物景观设计

一、城市道路的植物景观设计

城市道路的植物景观设计应依据中华人民共和国建设部于 1997 年 10 月批准颁布的《城市道路绿化规划与设计规范》(CJJ 75—97)进行规划设计。

城市道路用地内的绿地,包括行道树绿带、分车绿带、交通岛绿地、交通广场和停车场绿地等(见图 5-26)。

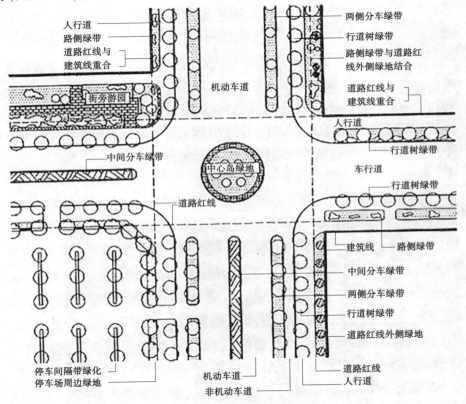

人行道
路侧绿带
道路红线与
建筑线重合
街旁游园
机动车道
中间分车绿带
中心岛绿地
道路红线
停车间隔带绿化
停车场周边绿地
机动车道
非机动车道

两侧分车绿带
行道树绿带
路侧绿带与道路红
线外侧绿地结合
道路红线与
建筑线重合
人行道
行道树绿带
车行道
行道树绿带
建筑线　　路侧绿带
中间分车绿带
两侧分车绿带
行道树绿带
道路红线外侧绿地
道路红线
人行道

图 5-26　城市道路绿地名称示意图[引自《城市道路绿化规划与设计规范》(CJJ 75—97)]

(一) 人行道绿化带植物景观设计

1. 行道树绿带

(1) 行道树的选择:行道树的生存环境较差,受到强光照、汽车尾气、有限土地面积、人为破坏等多方面的影响。因此,行道树应选择繁殖容易,生长迅速,发芽早、落叶迟且集中,移栽成活率高,耐修剪,养护容易,对有害气体抗性强,病虫害少,能够适应当地环境条件的树种。同时,行道树是道路景观的重要造景元素,因此要兼顾行道树的审美需求,选择树形整齐,枝叶茂盛,冠大荫浓,树干通直,分支点高,花、果、叶无异味,无毒无刺激的树种。对于宜遭受强风袭击的城市,宜选用深根树种。对于靠近路基的树种,则应选择根系穿透力弱的树种。

（2）定干（分支点）高度：行道树的定干高度应在 2 m 以上,侧枝向上斜出的树种可适当降低定干高度,侧枝向下斜出的树种应适当提高定干高度。公交车停靠的地方,行道树定干高度宜高于 3.5 m。要防止两侧行道树正道路上方的树冠相连,不利于汽车尾气的排放。

（3）定植点的位置：行道树种植点的确定与行道树周边环境设施及种植间距息息相关。首先,行道树种植点应满足与地下工程管道水平距离、周边建筑及构筑物水平距离的要求。同时,行道树种植点应与路缘石外侧的距离不小于 0.75 m,以免根系破坏路缘石及便于养护管理。其次,根据行道树大小、枝叶生长方向、生长速度及环境要求,行道树株距可选择 4 m、5 m、6 m、8 m 等多种距离,以保证行道树的树冠有足够的生长空间,同时满足消防、急救、抢险等要求。

（4）种植形式：根据行道树种植排列,人行道绿地可以分为单排和多排的种植形式。根据人行道路的宽度,人行道种植方式可选择树池式（见图 5-27）和树带式（见图 5-28）两种。其中按照树池与周围路面的高差大小,树池又可分为高树池与平地树池。当人行道宽度小于 3.5 m 时,首先要考虑行人的步行要求,这时应以树池式种植为主。树池的大小受到树木的高度、胸径、根茎大小及根系水平等多种因素的影响。为了满足树木生长的最低要求,树池的最低平面尺寸限度为宽度 1.2 m 的正方形。当人行道宽度大于 3.5 m 时,可选择树带式种植形式,但每隔至少 15 m 左右,应设置供行人出入人行道的通道门以及公交车的停靠站台。

图 5-27　树池式（蔡清 摄于荆州市）

2. 盲道与植物景观设计

盲道宜设置在距离人行道围墙、花台、绿地带、树池 0.25~0.5 m 处（见图 5-29）。

3. 路侧绿带

路侧绿带是位于道路侧方,布设在人行道边缘至道路红线之间的绿带（见图 5-30）。

图 5-28　树带式（蔡清 摄于重庆市）

路侧绿带宽度大于 8 m 时，可设计成开放式绿地，内部设置游步。路侧绿带不能影响建筑的采光和通风。路侧绿带的色彩与形式设计应与周围环境相协调。

图 5-29　盲道与植物景观设计（蔡清 摄于武汉市）

4. 街旁小游园

街旁小游园是指在城市干道旁供居民短时间休息、活动之用的小块绿地，又称街头休息绿地、街道小花园。它主要指沿街的一些较为集中的绿化地段，常常被布置成"花园"的形式。街旁小游园以种植设计为主，其植物景观设计应与道路植物景观的风格相协调，树种选择不宜过多，以 2~3 种植物为基调树种，其他点缀和装饰性植物可相对丰富（见图 5-31）。某些特殊地段的小游园如道路节点处的小游园应符合道路交通安全的标准（见图 5-32）。

图 5-30　路侧绿带(蔡清 摄于重庆市)

图 5-31　街旁小游园(杨存章 摄于平顶山市未来路)

(二)分车带植物景观设计

1. 中央分车绿带

中央分车带绿化是指分布在道路中间的分车隔离绿化带,主要功能是防止相对车辆眩光照射,美化路容,减少行车所引起的精神疲劳,还有诱导行车视线方向,隔声防尘的作用。因此,中央分车绿带的植物配置应形式简洁,树形整齐,排列一致。在距相邻机动车道路面高度 0.6~1.5 m 的范围内,配置植物的树冠应常年枝叶茂密,其株距不得大于冠幅的 5 倍(见图 5-33)。

2. 两侧分车绿带

两侧分车绿带设置在机动车道与非机动车带之间的绿化带。两侧车行道分隔带宽度不一,窄者仅 1 m,宽者可达 10 m。两侧分车绿带宽度大于或等于 1.5 m 的,应以种植乔

图 5-32　道路节点小游园（蔡清 摄于重庆市）

图 5-33　中央分车绿带（蔡清 摄于重庆市）

木为主,并宜乔木、灌木、地被植物相结合,两侧乔木树冠不宜在机动车上方搭接;分车绿带宽度小于 1.5 m 的,应以种植低矮灌木为主,并应灌木、地被植物相结合,既不妨碍视线,又增添了景色(见图 5-34)。

3. **分车绿带断口处植物景观**

被人行横道或道路出入口断开的分车绿带,其端部应采取通透式配置,即绿地上配置的树木,在距相邻机动车道路面高度 0.9~3.0 m 的范围内,其树冠不遮挡驾驶员的视线(见图 5-35)。

(三)交叉路口植物景观设计

道路交叉口有平面交叉口与立体交叉口两种形式。

图 5-34　两侧分车绿带(蔡清 摄于武汉市)

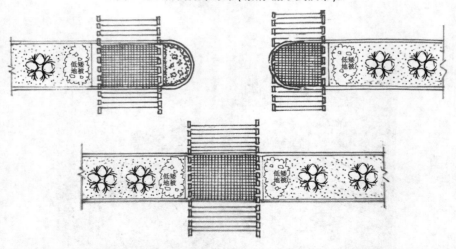

图 5-35　分车绿带断口形式(引自《城市园林绿地规划》杨赛丽 刘宝灿 仿绘)

1.平面交叉路口

交叉路口转弯处要根据安全视距确定视距三角形的范围。安全视距的大小，随道路允许的行驶速度、道路的坡度、路面质量而定，一般采用 30～35 m。在视距三角形内一般不种植行道树。若种植行道树，则行道树的胸径在 40 cm 以内，分支点高度大于 2 m，株距大于 6 m。灌木高度应控制在 70 cm 以下。

交叉口还可采用绿岛的方式引导行车方向。绿岛边缘应采用通透式栽植，不影响行车视距。绿岛周边宜规则式种植，起到强化外缘线、引导驾驶员行车视线的作用(见图 5-36)。

2.立体交叉路口

立体交叉绿地包括绿岛和立体交叉外围绿地。绿地多设计成开阔的草坪，草坪上点缀一些观赏价值较高的孤植树、树丛、花灌木等形成疏朗开阔的植物景观，或用宿根花卉、

图 5-36　绿岛引导车流（蔡清 摄于重庆市）

地被植物、低矮的常绿灌木等组成图案。为了适应驾驶员和乘客的瞬间观景的视觉要求，宜采用大色块的造景设计，布置力求简洁明快，与立交桥的宏伟气势相协调（见图 5-37）。

图 5-37　立体交叉口植物景观（蔡清 摄于重庆市）

（四）停车场植物景观设计

　　停车场植物景观设计可分为周边绿化、车位间绿化及地面绿化三部分。对于周边及遮阴的绿化，树种应选择分支点高、根系深、抗污染、冠大荫浓的乔木。树木枝下高度应符合停车位净高度的规定：小型汽车为 2.5 m，中型汽车为 3.5 m，载货汽车为 4.5 m。对于车位间绿化多条带状绿化种植产生行列式的韵律感，绿化带宽度一般为 1.5～2 m。乔木树种要求分支点高、冠大荫浓，灌木树种要求耐修剪、分枝密。因受到汽车尾气影响，车位间绿化不宜种植花卉。地面绿化应选择耐践踏、抗干旱的草地植物，或利用嵌草铺装的地面处理，既可以增加绿化面积，又可以减少对草地的破坏。根据绿化形式不同，停车场可分为人工林荫停车场（见图 5-38）、人工绿篱停车场（见图 5-39）及自然林荫停车场三种形式。

图 5-38　人工林荫停车场（蔡清 摄于襄阳习家池）

图 5-39　人工绿篱停车场（蔡清 摄于襄阳月亮湾公园）

二、高速公路植物景观设计

高速公路植物景观设计应依据中华人民共和国交通运输部 2010 年 5 月批准颁布的《公路环境保护设计规范》（JTG B04—2010）文件进行规划设计。

（一）高速公路绿化树种的选择

高速公路绿化选用树种时，要贯彻"乡土种、易成活、耐干旱、耐贫瘠、耐虫害、寿命长、管理容易、品种多、树形美、色彩艳"等原则。综合考虑高速公路沿线的地形地貌、植物品种生物学、生态学特性、地域特色、诱导视线、改善环境等因素，合理选择植物品种，进行合理布局,科学配置。

(二)中央分隔带植物景观设计

中央分隔带植物景观是指上下车道中央隔离部分绿化。其作用是防止夜间相向车辆灯光炫目、减轻相向车辆接近的危险感及因行车引起的精神疲劳,另外还有诱导视线、隔音防尘的作用。高速公路中间必须设置绿化分隔带。中央分隔带绿化要点如下:

(1)中央分隔带设计时要以确保司机视线开阔为原则。

(2)苗木树种的选择时,应选择抗性强、枝叶浓密、株形矮小、色彩柔和的花灌木,如蜀桧、刺柏、小叶女贞、大叶黄杨、月季、栀子花等。

(3)绿化宜选用黄绿色,起到缓解驾驶员眼部疲劳的作用。防止种植开花过于鲜艳的植物分散司机的注意力。树种应选择易打理的灌木,如黄金榕、灰莉、金叶假连翘、洒金榕等。

(4)绿化形式宜选择规则式,多采用修剪高度为 1.1~1.4 m 的绿篱形式,防止夜间炫光的同时,有利于人工或机械修剪作业。

(5)注重景观形式多样,采用草坪、花卉、地被、灌木或小乔木,并通过不同标准段的变换,消除司机的视觉疲劳和乘客的心理单调感。同时,通过不同标准段植物变化,能够对病虫害蔓延起到一定的预防作用。

(6)一般配置草坪、花灌木,并通过不同花灌木的不同花期、花色以及叶色变化,增强美化效果。

(三)互通立交区植物景观设计

互通立交出口处,植物栽植要求起到引导视线、标志方向、缓冲车速、调节明暗等作用。植物景观构图应简洁明了、线条流畅。多以草坪地被为主。在二条道交汇到一条道上的交接处及中央分隔带上,只能种植低矮的灌木及草坪,便于驾驶员看清周围行车,减少交通事故。立体交叉区面积较大的,可按街心花园进行植物配植。

(四)护坡植物景观设计

护坡按位置不同可分为上护坡和下护坡。上护坡是指由开挖土方所形成的路面以上的坡面绿化。为了减少土方量,此类坡度一般较大。按栽植条件不同,可分为植被坡和非植被坡。过去,植被坡采用藤本攀缘类植物进行垂直绿化,现在已逐步使用草坪喷播、草坪植生带等新手法。从边坡的土质条件和管护难易程度考虑,可多铺植多年生宿根草,如矮生天堂草、狗牙根、假俭,或栽植大小叶爬山虎、凌霄、迎春、金钟、常春藤、藤本月季等地被植物。非植被坡(石质坡)的绿化常采用藤本攀缘类植物绿化。下护坡指由土石方堆填路基所形成路面以下两侧的坡面,此类坡面由于是人为的土方压实坡,因此坡度较上护坡的小,硬化处理少。主要采用池槽绿化为主,可选择植物有紫穗槐、爬山虎等。

(五)道路弯道植物景观设计

在道路转弯范围的外侧及道路纵断面有凹陷或隆起的地方行列式密植树木,通过绿化提前使驾驶员知道前方路况,诱导驾驶员视线。当沿高速路两侧有容易吸引驾驶员视线、转移其注意力的地方或从高速路上往下看容易产生不安全感的地方,应种植树丛进行遮挡。

● 理论思考与实训操作

1. 请说出道路种植的要点。

2. 请对某一条道路或某一处街旁游园的植物景观设计进行分析评价。

3. 请完成某一条道路及某一处街旁游园的植物景观方案设计。

第六节　城市广场植物景观设计

一、城市广场的概述

城市广场是指城市中由建筑物、构筑物、道路或绿地等围合而成的开敞空间,是城市公共社会生活的中心。广场具有组织交通、人员集散、改善美化生态环境、防灾、彰显城市美丽等多项功能。城市广场按其主要性质、用途及在道路网中所处的地位,可分为文化娱乐休闲广场、集会性广场、纪念性广场、交通集散广场和商业广场等五种类型。有的广场兼有多种功能,也可称为综合性广场。

二、不同类型广场植物景观设计

(一)文化娱乐休闲广场

这类广场是人们娱乐休闲的场所,体现公众的参与性。它可以是城市中为人们娱乐休闲专门设置的一处开敞空间,也可以是公园、风景区等环境中的一处开敞空间。这类广场的植物景观可结合地方特色及广场自身的特点进行设计,彰显地域特色,表现广场风格,满足人们使用及观赏需求。这类广场在植物景观布局形式上没有特殊的要求,可以根据环境、地形、景观小品等合理安排。植物配置方式可灵活选用丛植、群植、绿篱、花坛等多种形式,最大限度地发挥植物景观之美。对于较大型的文化娱乐休闲广场,可以充分发挥植物的空间营造作用,用以划分、围合、联系、统一广场空间(见图5-40)。

(二)集会性广场

集会性广场一般位于城市中心地区,用于政治、文化集会,庆典、游行、检阅、礼仪、民间传统节日等活动,如天安门广场、各地市政府广场。这类广场植物景观设计的首要原则是满足人口及车辆集散功能,因此集会性广场的绿地多位于场地四周,中心一般不设置绿地,只有在集会时才会布置盆栽、花坛等活动性绿化形式,以烘托节日气氛。广场四周的植物景观要注意与周围环境的整体协调,同时起到围合空间、组织交通、烘托主题建筑、改善城市面貌、美化环境等作用。同时,这类广场多具有政治意义,因而植物景观要求严整、雄伟,多采用对称式布局。

(三)纪念性广场

纪念性广场是为了纪念某些名人或某些事件的广场。这类广场多在场地中心或侧面设置纪念性建筑、纪念碑、纪念塔、纪念性雕塑等纪念性标志物。因而,这类广场的植物配置应以烘托纪念性的气氛为主。植物布局多采用规则式,营造严肃、庄严、崇敬的空间氛围。植物种类多选用常绿植物,象征永恒不朽、流芳百世。植物种类不宜繁杂,植物花色

图 5-40　文化娱乐休闲广场(蔡清 摄于岳阳南湖广场)

不宜鲜艳,可选用玉兰等白色花卉植物,既可以与环境氛围相吻合,又可以美化广场环境
(见图 5-41)。

图 5-41　纪念性广场(蔡清 摄于岳阳彭德怀铜像广场)

(四) 交通集散广场

　　交通集散广场是为组织交通、集散人流、联系空间而设置的广场,包括机场、车站、码头、影剧院、体育场、展览馆前的站前广场和道路交通广场。这类广场的植物景观设计必须服从交通安全的需要,能有效疏导车辆和行人。对于站前类广场,一般沿广场周边进行植物种植,可种植草地、布局花坛等,但植物景观宜简单大气,以免人员因观赏景色而造成长时间停留。道路交通广场的植物景观设计绝不可阻碍驾驶员的视线,多用常绿矮生植物点缀交通广场,避免使用艳丽花卉而分散司机注意力(见图 5-42)。

图 5-42　交通集散广场(蔡清 摄于重庆西站)

(五)商业广场

　　商业广场包括集市广场、购物广场、商业广场,多以步行商业广场和步行商业街的形式设计。这类广场的植物景观多以绿篱、花坛、花钵等形式作为场地的装饰,在广场入口可进行重点绿化,采用花坛等方式强化、突出广场入口空间(见图 5-43)。

图 5-43　商业广场(蔡清 摄于重庆市)

第七节　居住区植物景观设计

　　居住区绿地是居住区环境的主要组成部分,具有生态功能、景观营造、服务居民等多种功能。居住区绿地按照功能和所处的环境,可以包括公共绿地、宅旁绿地、配套公建所属绿地和道路绿地等。

一、居住区植物景观设计原则及植物选择

居住区植物景观设计要遵循以下原则：第一，植物景观设计风格应与居住区整体风格相协调，能够突出居住区景观特色；第二，植物景观设计要顾及居住区全园，做到重点一般相结合，点线面相结合；第三，充分发挥植物的造景作用，营造形式多样、色彩丰富、四季有景的植物景观；第四，加强对场地内原有树木，特别是名木古树的保护与利用；第五，尽量利用劣地、坡地、洼地及水面作为植物景观的种植用地，以节约土地；第六，加强垂直绿化，增加绿量和绿视率；第七，满足场地功能的使用，提升植物景观的可近亲性，提高绿地的利用率。

居住区植物应选择观赏价值高、生长健壮、管理粗放、少病虫害、耐修剪、落果少、无飞毛、无毒、无刺、无刺激性气味、发芽早、落叶晚、冠大荫浓、深根性、有地方特色的优良植物品种。

二、公共绿地植物景观设计

公共绿地是为一定居住用地范围内的居民提供日常户外游憩、开展儿童游戏、健身锻炼、散步游览和文化娱乐的活动空间，具有公共属性。公共绿地大致可分为三个级别，即居住区公园、居住小区公园及组团绿地。

(一)居住区公园

居住区公园是为全体居住区服务的居住区公共绿地，规划面积较大，一般在 1 hm² 以上，相当于城市小型公园。公园内的设施比较齐全，内容比较丰富，有明确的功能分区和景区划分，除花草树木外，有一定比例的建筑、活动场地、园林小品、小型水体等。居住区公园服务半径不宜超过 800~1 000 m，服务对象为居住区居民和部分一般市民。

居住区公园植物配置应选用夏季遮阴效果好的落叶大乔木，配以少量的观赏花木、草坪、草花等，结合活动设施布置疏林地。可用常绿绿篱分隔空间和绿地外围，并成行种植大乔木，以减弱喧闹声对周围住户的影响。

(二)居住小区公园

居住小区公园又称居住小区中心游园。居住小区公园面积一般在 4 000 m² 以上，有一定的功能区域划分，服务半径 400~500 m，服务对象为小区居民。

居住小区公园以开敞式草坪、模纹花坛或疏林草地为主，注重乔灌草结合提高绿化覆盖率和绿地率。

(三)组团绿地

组团绿地是直接靠近住宅的公共绿地，又称居住生活单元组团绿地。组团绿地服务对象是组团内居民，主要为老人和儿童，一般面积为 1 000~2 000 m²，离住宅入口最大步行距离在 100 m 左右。因此，组团绿地具有用地少、投资少、布置灵活、易于建设、见效快、服务半径小、使用效率高的特点。常见的组团绿地有庭院式组团绿地、山墙间组团绿地，结合公共建筑、社区中心的组团绿地，独立式组团绿地、临街组团绿地(见图 5-44)。

组团绿地主要依靠园林树木围合绿地空间。植物景观设计采用花草树木相结合，植物景观设计要注意对人流方向的引导；满足不同年龄层次居民的使用观赏需要；做到每个

绿地的位置	基本图式	绿地的位置	基本图式
庭院式组团绿地		独立式组团绿地	
山墙间组团绿地	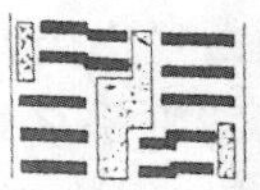	临街组团绿地	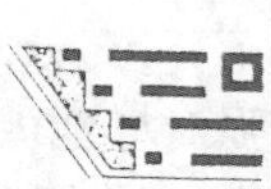
林阴道式组团绿地	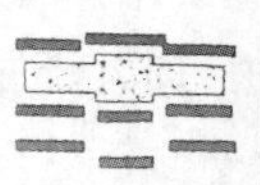	结合公共建筑、社区中心的组团绿地	

图 5-44　组团绿地的形式(引自《园林规划设计》胡长龙)

组团应各具特色,强化组团特征;采用疏林广场及嵌草铺装的方式提高绿化覆盖率;应避免在靠近住宅建筑处种树过密,以免影响低层住宅室内的采光和通风,但又应通过植物种植尽量减少活动场地与住宅建筑间的相互干扰(见图5-45)。

图 5-45　组团绿地植物景观(蔡清 摄于无锡天鹅湖花园小区)

三、宅旁绿地植物景观设计

宅旁绿地属于居住建筑用地的一部分,是最基本的用地类型,包括住宅之间及其周围的绿化用地。在居住小区总用地中,宅间绿地面积占35%左右,是居住区绿地中面积最大、分布最广、最接近居民、使用频率最高的一种绿地类型,人均指标为4~6 m²。

(一)宅旁植物景观设计注意要点

(1)树种选择要多样化,以丰富绿化面貌。

(2)要注意耐阴树种的配植,以保证建筑阴影部位良好的绿化效果。

(3)住宅附近管线密集,自来水、污水管、雨水管、煤气、热力管、化粪池等,树木的栽植要留够距离,以免后患。

(4)树木栽植不要影响住宅的通风采光。一般应在窗外5 m以外栽植。

(5)绿化布置要有尺度感。

（6）室内、室外绿化相结合。

（二）宅旁细部植物景观设计

1. 住宅建筑旁

植物景观设计应与庭院绿化、建筑格调相协调。

2. 入口处

在入口注意不要栽种有尖、有刺的植物，如玫瑰等，以免伤害出入的居民，特别是幼小儿童。北入口以对植、丛植的手法，栽植耐荫灌木。南入口除上述布置外，常栽植攀缘植物，做成拱门。

3. 墙基、角隅

垂直的建筑墙体与水平的地面之间以绿色植物为过渡。角隅栽植线条柔美、色彩丰富的植物，打破呆板、枯燥、僵直的感觉（见图5-46）。

图5-46 墙基、角隅植物景观（蔡清 摄于杭州望月公寓）

4. 建筑西墙

通过种植攀缘植物及西墙外栽植高大的落叶乔木实现防西晒的效果。

5. 生活杂务用场地

在垃圾站外围密植常绿树木，将垃圾站遮上，也可减少由于风吹而垃圾飘飞，但要留出入口，以便垃圾的倾倒和清扫。

四、配套公建所属绿地植物景观设计

配套公建所属绿地指居住区内各类公共建筑和公用设施的环境绿地。如居住区俱乐部、影剧院、少年宫、医院、中小学、幼儿园等用地的环境绿地。其植物景观设计要满足公共建筑和公用设施的环境要求，并考虑与周围环境的关系。

五、道路绿化植物景观设计

(一)居住区主干道

居住区主干道是联系各小区及居住区内外的主要道路。机动车道应符合行车视线和行车净空要求,种植形式要有明显的导向性。各条干道的树种选择应有所区别,分车带可用低矮的花灌木。在人行道和居住建筑之间可多行列植或丛植乔灌木,以起到防止尘埃和隔音的作用。

(二)居住小区道路

居住小区道路是联系各住宅组团之间的道路,以人行为主,也常为居民散步之地。树种多选小乔木和开花灌木及叶色变化的树种。每条路选不同的树种,不同断面种植形式,使每一条路各有特色。在一条路上以某一种或两种花木为主体,形成丁香路、樱花路等。

(三)住宅小路

住宅小路是联系各住宅的道路,宽2 m左右,如高层应宽3 m以上,以保证垃圾车直接到达高层住宅的垃圾集收处。行列式住宅各条小路,从树种选择到配置方式采取多样化,形成不同景观,也便于识别家门。靠近住宅的小路旁植物种植不能影响室内采光和通风(见图5-47)。

图5-47 住宅小路植物景观(蔡清 摄于南阳恒大御景湾小区)

六、屋顶花园及架空层的植物景观设计

(1)高视点设计。为了避免从高层建筑等高视点处向下看时,平屋顶景观单调乏味,除改坡屋顶设计外,可尽量设计屋顶花园。屋顶花园景观的平面设计强调图案美、色彩美。

(2)屋顶花园的设计。应尽量采取图案化、大色块的设计手法,植物种植成组、成丛,考虑屋顶条件,尽量少种大树。

(3)架空层下的绿地设计。应充分考虑阳光条件,宜尽量选用背阴植物;考虑与半室内空间的自然景观的渗透。

参 考 文 献

[1] 金煜.园林植物景观设计[M].沈阳:辽宁科学技术出版社,2008.

[2] 李文敏.植物景观设计[M].上海:上海交通大学出版社,2016.

[3] 胡长龙.园林规划设计[M].北京:中国农业出版社,2007.

[4] 陈其兵.风景园林植物造景[M].重庆:重庆大学出版社,2012.

[5] 蔡清,杨金鹤,等.园林艺术设计[M].南京:江苏凤凰美术出版社,2021.

[6] 董薇,朱彤.园林设计[M].北京:清华大学出版社,2015.

[7] 洪丽.园林艺术及设计原理[M].北京:化学工业出版社,2015.

[8] 刘少宗.园林设计[M].北京:中国建筑工业出版社,2008.

[9] 刘少宗,等.园林植物造景·上[M].天津:天津大学出版社,2003.

[10] 陈有民.园林树木学[M].北京:中国林业出版社,1988.

[11] 王国明,等.景观设计原理[M].上海,上海交通大学出版社,2014.

[12] 苏雪痕.植物景观规划设计[M].北京:中国林业出版社,2012.

[13] 朱钧珍.中国园林植物景观艺术[M].北京:中国建筑工业出版社,2003.

[14] 游泳.园林史[M].北京:中国农业科学技术出版社,2010.

[15] 南希 A.莱斯辛斯基.植物景观设计[M].卓丽环,译.北京:中国林业出版社,2004.

[16] 董丽.园林花卉应用设计[M].北京:中国林业出版社,2015.

[17] 刘燕.园林花卉学[M].北京:中国林业出版社,2015.

[18] 中华人民共和国建设部.城市居住区规划设计标准:GB 50180—2018[S].北京:中国建筑工业出版社,2018.

[19] 刘佳.景观设计要素图解及创意表现[M].南昌:江西美术出版社,2016.

[20] 宁妍妍,刘军.园林规划设计[M].郑州:黄河水利出版社,2010.

[21] 蔡文明,武静,等.园林植物与植物景观[M].南京:江苏凤凰美术出版社,2014.

[22] 建设部住宅产业化促进中心.居住区环境景观设计导则[S].北京:中国建筑工业出版社,2006.

[23] 蔡清.黑龙江省中俄边境城市特色园林植物景观的建设研究[J].黑龙江生态工程职业学院学报,2018,31(4):13-14.

[24] 王晶.保健型园林空间营造研究[D].哈尔滨:东北林业大学,2012.

[25] 陈莉,秦华,侯科龙,等.康体园林植物群落设计探讨[J].北方园艺,2011(5):152-154.

[26] 张韵宁,赵伟韬,张韵铮.浅析现代医院户外环境的植物种植[J].河北林业科技,2008(4):23.

[27] 中国城市规划设计研究院.城市道路绿化规划与设计规范:CJJ 75—1997[S].北京:中国建筑工业出版社,1998.

[28] 中华人民共和国住房和城乡建设部.风景园林制图标准:CJJ/T 67—2015[S].北京:中国建筑工业出版社,2015.

[29] 杭州市园林管理局.杭州园林植物配置专辑[M].城市建设杂志社,1981.

[30] 中交第一公路勘察设计研究院有限公司.公路环境保护设计规范:JTG B04—2010[S].北京:人民交通出版社,2010.

[31] 王玉晶,等.城市公园植物造景[M].沈阳:辽宁科学技术出版社,2003.

[32] 唐学山,等.园林设计[M].北京:中国林业出版社,1996.

[33] 杨赉丽.城市园林绿地规划[M].北京:中国林业出版社,1995.

［34］芦建国.种植设计［M］.北京:中国建筑工业出版社,2008.

［35］梁永基,王莲清.道路广场园林绿地设计［M］.北京:中国林业出版社,2000.

［36］刘扬.城市公园规划设计［M］.北京:化学工业出版社,2010.

［37］中华人民共和国住房和城乡建设部,中华人民共和国国家质量监督检验检疫总局.总图制图标准:
　　　GB/T 50103—2010［S］.北京:中国计划出版社,2011.